前進元宇宙！
區塊鏈輕旅行

每天5分鐘，學會比特幣×以太坊×NFT概念及應用

柯詠婇（Zoe Ke）著

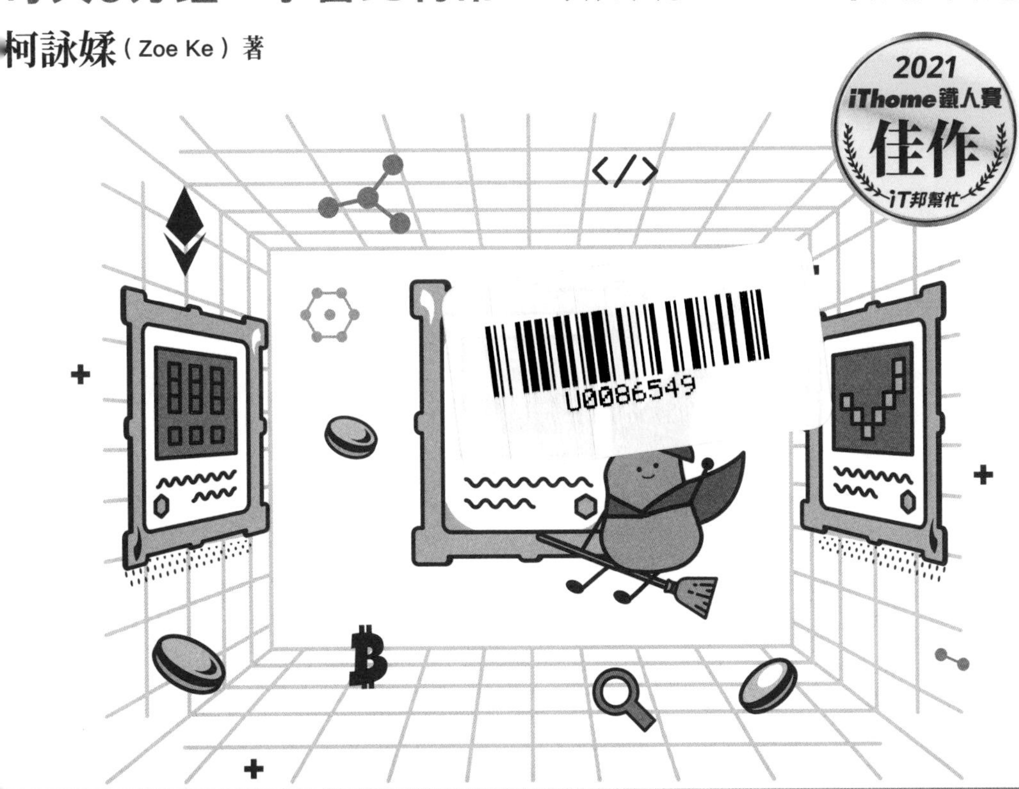

新手的第一本區塊鏈書籍，從 NFT 基礎概念到實作應用！

適合新手入門
從零認識元宇宙
比特幣及NFT

提供教學影片
搭配教學影片
一邊實作一邊聽

實作應用教學
提供安裝錢包
與虛擬機教學

避開資安危機
認識資安風險類型
聰明管理自己的錢包

本書如有破損或裝訂錯誤，請寄回本公司更換

作　　者：柯詠媃（Zoe Ke）
內文插畫：吳至堯
責任編輯：Lucy

董 事 長：陳來勝
總 編 輯：陳錦輝
出　　版：博碩文化股份有限公司
地　　址：221 新北市汐止區新台五路一段 112 號 10 樓 A 棟
電話 (02) 2696-2869　傳真 (02) 2696-2867

發　　行：博碩文化股份有限公司
郵撥帳號：17484299　戶名：博碩文化股份有限公司
博碩網站：http://www.drmaster.com.tw
讀者服務信箱：dr26962869@gmail.com
訂購服務專線：(02) 2696-2869 分機 238、519
（週一至週五 09:30 ～ 12:00；13:30 ～ 17:00）

版　　次：2022 年 12 月初版

建議零售價：新台幣 600 元
I S B N：978-626-333-306-2（平裝）
律師顧問：鳴權法律事務所 陳曉鳴 律師

國家圖書館出版品預行編目資料

前進元宇宙！區塊鏈輕旅行：每天5分鐘，學會比特幣×以太坊×NFT概念及應用/柯詠媃(Zoe Ke)著. -- 初版. -- 新北市：博碩文化股份有限公司, 2022.12

面；　公分. --（iThome 鐵人賽系列書）

ISBN 978-626-333-306-2（平裝）

1.CST: 資訊安全　2.CST: 網路安全

312.76　　111017741

Printed in Taiwan

推薦序一

資通訊科技快速發展，新興技術（如：區塊鏈）的背景專業知識很多，學用落差的現象也愈來愈明顯。對相關科系學生而言，知識密度高的學習本就是挑戰。對一般人而言，在新聞和科普的報導中，大多只能看到熱鬧，很難看出門道。面對知識爆炸，自主學習已經成為基本素養，而大學則是在學校內培養自主學習能力的最後機會。

iThome 鐵人賽透過「連續 30 天學習記錄分享不中斷」而練成鐵人，是資訊技術自主學習的標竿活動。柯詠婇是輔大醫學資訊學程的學生，在大三的智慧穿戴技術與應用課程中，選擇區塊鏈為主題，參加鐵人賽並獲得佳作獎。此次能將自己的學習紀錄，由網路再回到紙本書出版，二次分享幫助更多的讀者群，意義重大。

詠婇在校學習表現優異，效率與執行力都很高。大三下已修習超過 150 學分；大四下也即將赴美成為交換學生。然而她在鐵人賽選擇的區塊鏈，是一個背景複雜且知識強度高的主題。想在短期內完全了解再分享出來，是高難度的事，她真的做到了。這本《前進元宇宙：區塊鏈輕旅行》以個人學習筆記做基礎，介紹了眾多區塊鏈相關知識，包括了去中心化、密碼學、元宇宙等等。書中內容也反映出她的區塊鏈學習脈絡，難得的是包括了一些重要的入門實作，也分享了不少心得和貼心提醒。對想要對區塊鏈相關技術達到輕專業（Shallow Expertise）程度理解的讀者，應該是一本不錯的入門書。

梅興

輔仁大學 資訊工程 / 醫學資訊 / 智慧資安

推薦序二

聽到詠婕接到出版社邀請撰寫區塊鏈書籍的消息後，我便開始期待拿到校稿檔案的那一刻，除了詠婕是個對凡事都極為認真的學生之外，也因為「區塊鏈」、「智能合約」、「虛擬貨幣」等名詞在近幾年非常熱門，但它們的概念抽象又新穎，就算是對軟體資訊領域熟悉的人來說，也不容易在初次聽到這些名詞時便能抓對方向，往往必須透過大量的閱讀才能了解其技術原理與各項應用場景的交易流程。因此，由資訊科系學生的角度所撰寫的書籍肯定會是市場上欠缺的一本入門書。

正如這本書「輕旅行」的名字，對於從零開始，計劃在短時間入門區塊鏈知識的讀者來說，此書就像是學長姐傳承下來的寶貴課程筆記，從課本的第一章開始整理重點，並搭配圖片與幫助理解的說明文字，清楚地手把手帶領讀者入門。

在撰寫此推薦序的同時，國內擁有虛擬貨幣或 NFT 資產的總人數已達到三十萬人以上，如果讀者也想參與其中成為入門級玩家，此書清楚說明了交易成本 Gas 與 Gwei 等名詞，也透過資安角度切入，進行區塊鏈資產錢包的使用方式與可能的風險介紹，各式常見的 ERC-20 與 ERC-721 等協議差異也囊括於本書當中。

這是一本非常適合推薦給區塊鏈、比特幣、NFT、以太坊、智能合約入門者的好書，具備務實的內容與相當方便隨時查閱的目錄編排方式，希望讀者們能沿著詠婕的學習路徑，好好享受學習新科技與增長知識的美好體驗。

黃柏源

PChome 產品工程副總監

序

我是誰？為什麼我要買這本書？

隨著科技進步，生活中的日常瑣事都在一點一滴被科技取代。如果你也是……

- **資訊小白**：對資訊完全沒有任何概念，但又對於現在的情勢感到慌張，是時候入手這本完全適合你的書，帶你從完全沒概念開始，一步一步踏入資訊領域！
- **想要跨入區塊鏈領域卻尚未行動**：或許你真的真的很忙！但是沒有關係，本書主打每天只要撥出 5 分鐘，少打一場電動，就能在一個月後從完全沒有概念，變成當別人在談論區塊鏈時也能湊一腳的狠角色！
- **對於現況不滿，想成為斜槓青年的人**：「英雄的救人事蹟，都是他下班後才做的」。如果你想要與他人有不一樣的成就，或許你擔心自己的藝術被埋沒，每天撥出 5 分鐘的時間閱讀本書，一個月後或許能看到自己的藝術在 NFT 裡發光發熱！
- **不需要很厲害才開始，但開始了才有機會變得很厲害！**

區塊鏈並不難，難的是每天閱讀

不管你是原本就已經養成閱讀習慣，還是現在即將開始，只要有心現在開始都還不遲！藉由這本書培養自己每天都要翻開此書。一個習慣要 21 天才會養成，希望你也能藉由每天讀這本書養成每天閱讀的習慣！

「簡單的事情重複做，某天也會變得不簡單！」

如果你是從未碰過區塊鏈技術，但想嘗試跨入新領域的人，或許這本書能夠帶你從零開始學習區塊鏈，學習如何將自己的作品上鏈！當然，你不需要很厲害才能開始閱讀這本書，但你要開始閱讀這本書，才有機會變得很厲害！

目錄

01 前言：為何我會學習區塊鏈？

PART 1
搭上通往元宇宙的區塊鏈列車：圖解區塊鏈理論

02 什麼是區塊鏈、以太坊？

03 什麼是比特幣？什麼是創世區塊？

04 區塊鏈如何運作？

05 UTXO 未花費的交易輸出

06 實際動手做：申請屬於自己的 MetaMask 錢包！

07 本篇總結 & 重點整理

PART 2 區塊鏈列車啟程：NFT 與元宇宙在夯什麼？

08 什麼是元宇宙？

09 NFT 在夯什麼？

10 NFT 與元宇宙的運作方式

11 什麼是智能合約？參觀區塊鏈與以太坊！

12 區塊鏈加密方式大解密！

13 圖解雜湊（Hash）原理

14 你知道醫療也能與區塊鏈結合嗎？

15 本篇總結 & 重點整理

PART 3
區塊鏈列車加速通行：實際動手勝於空談

16 工欲善其事必先利其器：虛擬機環境安裝教學

17 認識 Merkle Tree

18 認識 Gas

19 智能合約與 NFT 的產地：Solidity

20 Solidity 合約內容講解（1）

21 Solidity 合約內容講解（2）

22 本篇總結 & 重點整理

PART 4
區塊鏈列車抵達元宇宙：實際動手掌握區塊鏈

23 Solidity 實作（1）

24 什麼是 Mapping ？

25 Solidity 實作（2）

26 如何保障智慧財產？

27 將作品上鏈

28 掌握一切網路資源：領免費代幣

29 區塊鏈風險要小心：小心區塊鏈資安漏洞

CHAPTER

01

前言：為何我會學習區塊鏈？

1.1 本章學習影片 QR Code

為何我會學習區塊鏈？

1.2 關於我

Hi ！我是一個大三的學生，就讀醫學資訊科系。因為課程中有學到一些相關資訊，加上系上的必修課需要參賽，因此開始了鐵人賽 30 天的日子！主要是和大家分享一些我學到的東西，以及如何踏入區塊鏈領域，本書大部分內容都是自己摸索研究，若有撰寫錯誤之處也歡迎告訴我。本系列文原本是以影片為主、文字為輔，本書有完全收錄影片內容，若想要觀看影片版本可到 YouTube 頻道觀看，或是當成 Podcast 播著聽！每天的文章份量也會控制在五分鐘左右的閱讀時間，因此可以藉由每天翻開本書、閱讀一個章節，培養每日閱讀的習慣唷！

1.3 為什麼選擇學習區塊鏈？

當初和朋友一起組隊參加了第一屆科技部舉辦的資安女捷思比賽，順利進入決賽之後，要到現場簡報自己的專題內容。

「資安女捷思」顧名思義就是要以資安做為發想議題，解決生活中的資安問題。我們以「防止他人有意地盜取創作者的自創商品或二次創作進行販售且獲利」這個議題作為發想。

我們想到的解決方式是在自己的創作與所儲存的平台之間添加一層防漏程式，利用不對稱式加密的方式讓他人難以盜取，藉以達到保護創作的目標。我們利用照片隨機抽取一小格畫素（Pixel）的 16 進位色碼表當作一組密碼（不對稱式加密），這組密碼會被雜湊保護，所創作的資料裡有兩層不對稱保護，再利用對稱式加密的方式使自己能夠製作一組第一層密碼，配合臉部辨識與指紋辨識系統，使每個人都有不同的對稱密碼，不但不會被輕易地盜取，也可避免使用者忘記密碼。若檔案為文字，則可將文字轉換為數字，並用雜湊去保護密碼。

簡報完後評審會進行詢問，大概有 8 位評審。其中最讓我印象深刻的問題，就是詢問我們為什麼不用區塊鏈存這些資料就好？因為區塊鏈的特性是去中心化、不可竄改性、公有鏈錨定……特性，其實用來儲存資料也是很好的選擇（當下的我是愣在台上的，因為我真的不知道）。因此決定藉由這次機會好好學習區塊鏈！

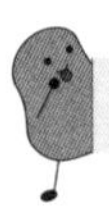

1.4 Buffalo of University 線上課程

Buffalo of University 線上課程是我在寫此篇系列文之前，先行學習的資源，雖然內容為全英文，並且只有前七天免費（所以我在七天內修完）。但我認為內容寫得很詳細，非常適合做為入門教材，因此推薦這門課程給大家，後面也會提供申請課程的教學。既然要學就要好好學會，建議大家也可以按照下面的步驟申請，如果完成所有測驗以及最後的 coding 作業，能夠拿到國外大學頒發的證書！那廢話不多說，就開始教學吧！

1.4.1 申請 Buffalo of University 線上課程步驟

STEP 1 進入 Coursera 首頁（https://www.coursera.org/）。

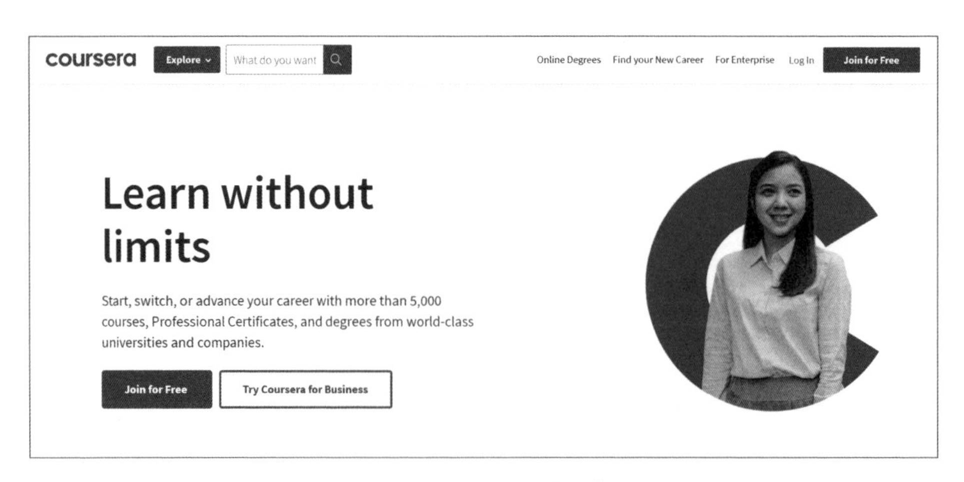

▲ 圖 1-1 Coursera 首頁畫面

STEP 2 在搜尋欄輸入「Blockchain Buffalo of university」。

▲ 圖 1-2 Coursera 首頁搜尋畫面

STEP 3 點選課程進入。

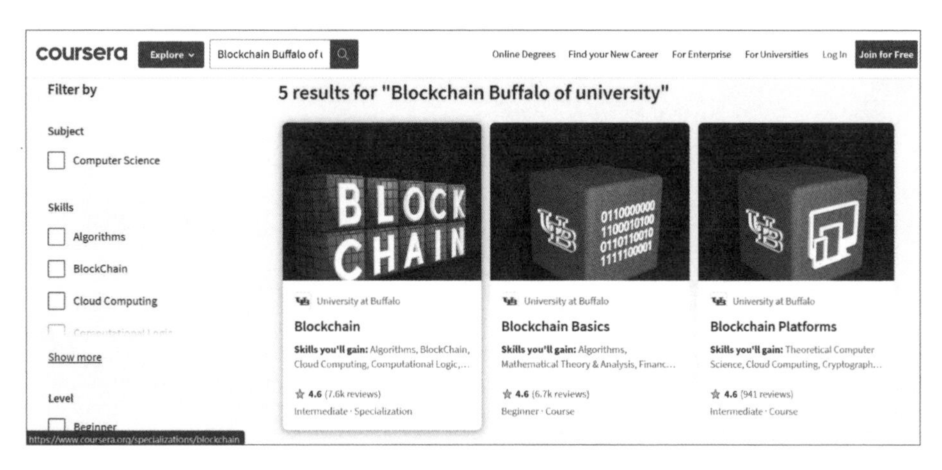

▲ 圖 1-3 Coursera 課程搜尋畫面

STEP 4 註冊後可以開始學習，前七天是免費的，七天之後會需要收費，且可以拿到證書。如果覺得沒有證書也沒有關係的話，可以選擇旁聽，旁聽雖然不會有證書，但是可以進入課程上課！

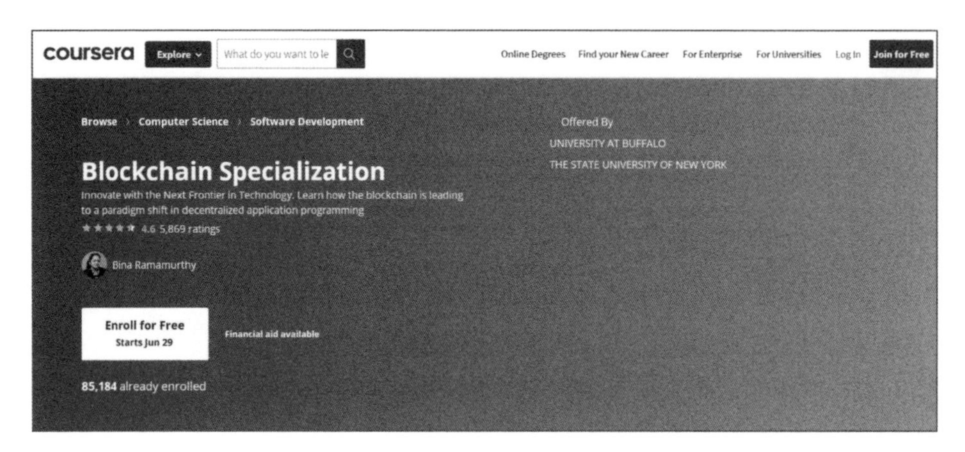

▲ 圖 1-4 Coursera blockchain 課程畫面

Tips

如果你具有學生身分，可以選擇申請助學金，雖然申請過程要寫英文學習計畫，且要等待審核時間，但能夠免費上課，如果功課都有準時繳交，也能拿到證書！

筆者語錄

有時候我們努力了很久，卻只多會別人一點點東西，但是當你翻開這本書時，你就比別人多厲害許多點了！

PART 1

搭上通往元宇宙的區塊鏈列車：圖解區塊鏈理論

在第一篇裡，讀者將會認識區塊鏈、以太坊、比特幣，並學會如何申請自己的 MetaMask 錢包。不用擔心！本書並不會讓你感到太困難，還會搭配簡易又好看圖片解說，可以安心觀看與學習。

02

什麼是區塊鏈、以太坊？

2.1 本章學習影片 QR Code

認識區塊鏈

認識以太坊

2.2 什麼是區塊鏈？

本章要介紹本書的重頭戲——區塊鏈！在這一章裡，我們會分成五個部分來說明，分別是定義、起源、特性、優點、缺點。

2.3 定義

當你聽到區塊鏈（Blockchain）這個名詞時，會想到什麼呢？「區塊」顧名思義會聯想到像是拼圖、積木、火車等等的意象，是一塊一塊、一節一節的。「鏈」就如同鎖鏈一樣，將這些一塊塊的積木串聯在一起。（看到這邊時，腦中是不是和我一樣想到了一台火車呢？）

▲ 圖 2-1 Blockchain 就像火車一樣

沒錯，其實區塊鏈大概就是長這樣子。在每個車廂裡，可以存不一樣的東西，可以存一筆交易資料、也可以是一個機密檔案，或是任何的秘密。如果又有東西想要加入這條鏈子裡，也可以繼續加入，如此一來這條車廂就會越來越長……所以區塊鏈就是一列儲存著許多不同資料的火車。

▲ 圖 2-2 Blockchain 火車

2.4 起源

有一位化名為中本聰的人物，在 2008 年時發行了一篇論文，名為《Bitcoin: A Peer-to-Peer Electronic Cash System》，中文翻譯版《比特幣：一種點對點的電子現金系統》。這裡附上中、英版本的連結，有興趣的讀者可以掃描下方連結以閱讀他的論文。

▲ 圖 2-3 Bitcoin: A Peer-to-Peer Electronic Cash System（原文）

▲ 圖 2-4 比特幣：一種點對點的電子現金系統（中文）

簡言之，這篇論文中提到了「區塊鏈」的概念，它最早是當作一種電子支付系統。在 2009 年時，建立了比特幣網路並開發了第一個區塊，這個區塊稱為創世區塊。

2.5 區塊鏈的特性

2.5.1 去中心化

什麼是去中心化呢？想像一下平常我們想透過刷卡、電子支付的方式結帳時，都會透過「銀行」這個角色儲存我們的每一筆交易記錄。而銀行和銀行之間也可能需要轉帳（也就是跨行轉帳），所以需要一個更大的地方去儲存所有的交易記錄。這個大地方就像是一個中心點，大家要交易時都要通過這個中心點（還會偷一點手續費……）。

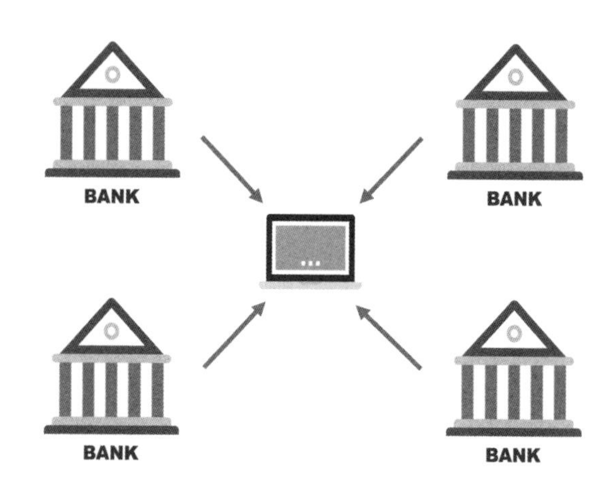

▲ 圖 2-5 一般交易示意圖

去中心化，顧名思義就是把這個大地方的角色刪除。我們要付錢時不用透過銀行，銀行和銀行的轉帳也不用更大的地方幫忙記錄。但這樣就沒有人幫我們記錄每一筆交易了……所以我們要幫自己記錄（分散式帳本）。而且，付錢時最擔心的就是對方不承認我們已經付錢了，所以需要加密（簡單來說就是上鎖），並且不能竄改，讓大家信任。這樣的記帳方式稱為「Distributed Ledger」，也就是分散的記帳本，交易不再透過中心，也省下中間的時間和手續費！

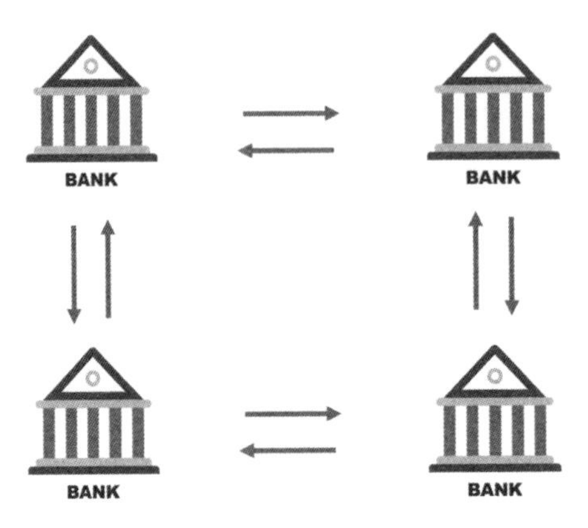

▲ 圖 2-6 去中心化示意圖

2.5.2 不可竄改

交易需要記錄就是怕其中一方不承認，所以需要具有公信力的記錄。因此今天如果要說服大家將交易記錄存到區塊鏈，那這個記錄就要是不能竄改且加密過的。因此區塊鏈具有不可竄改的特性，一旦寫入就不能改。如果寫入區塊鏈時發生錯誤，則要再上傳一個正確的記錄到區塊鏈。日後這兩筆資料都會呈現出來。

2.5.3 智能合約

區塊鏈第三個特性就是有智能合約，我們在現實生活交易時，為了避免雙方權益受損，會簽訂合約。而智能合約就像是在網路世界的合約，是區塊鏈裡的一種協定，負責儲存資料、執行合約內容以及進行驗證。在雙方答應後合約及成立，可以各自將籌碼存入合約內，智能合約可以自己執行雙方信任的合約內容，而且雙方都能知道執行過程以及結果。可信任、可追溯並且是不可逆的。

區塊鏈已連續四年被 Gartner 譽為十大科技趨勢。

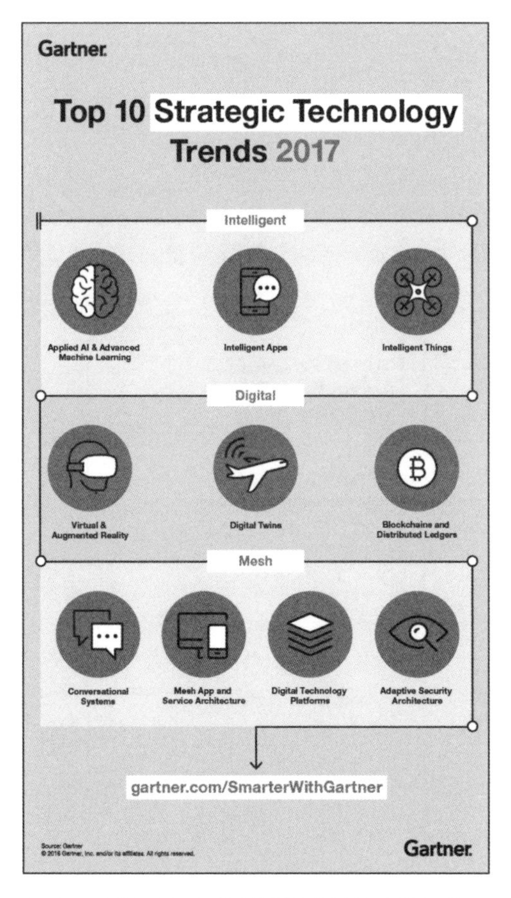

▲ 圖 2-7 Gartner 2017 十大科技趨勢（圖片來源：Gartner 官網）

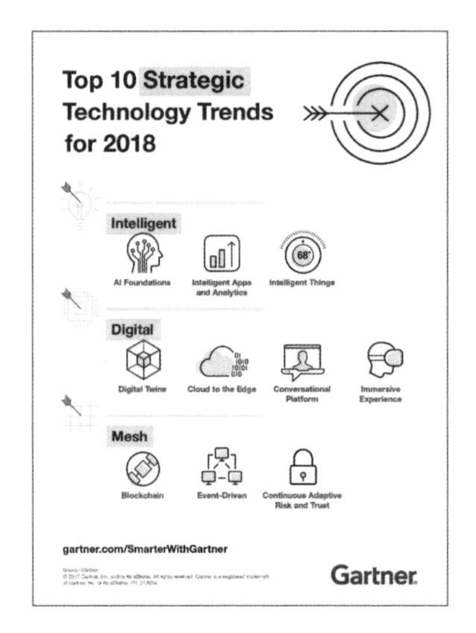

▲ 圖 2-8 Gartner 2018 十大科技趨勢（圖片來源：Gartner 官網）

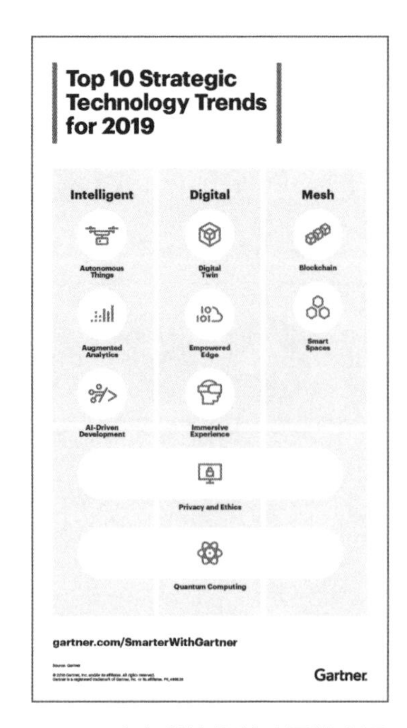

▲ 圖 2-9 Gartner 2019 十大科技趨勢（圖片來源：Gartner 官網）

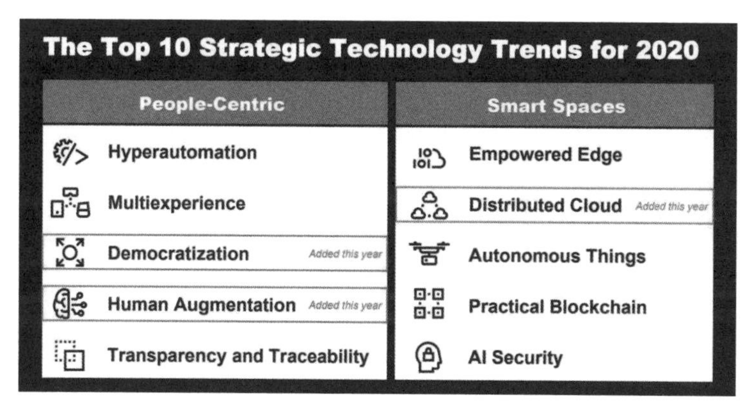

▲ 圖 2-10 Gartner 2020 十大科技趨勢（圖片來源：Gartner 官網）

2.6 區塊鏈的類型

2.6.1 公有鏈（Public Blockchains）

開放分散的，隱私較少、安全也相對薄弱，任何想要請求驗證的人都可以訪問。**例如：比特幣、以太坊**即為公有鏈。

2.6.2 私有鏈（Private Blockchains）

集中管理的私有區塊，不開放給大家看，如果想要的話要有許可證。

2.6.3 混合區塊鏈（Hybrid Blockchains）

有公有、也有私有的大組合包，兼具分散和集中的特徵。

2.6.4 側鏈（Sidechains）

和主鏈平行運行的區塊鏈。

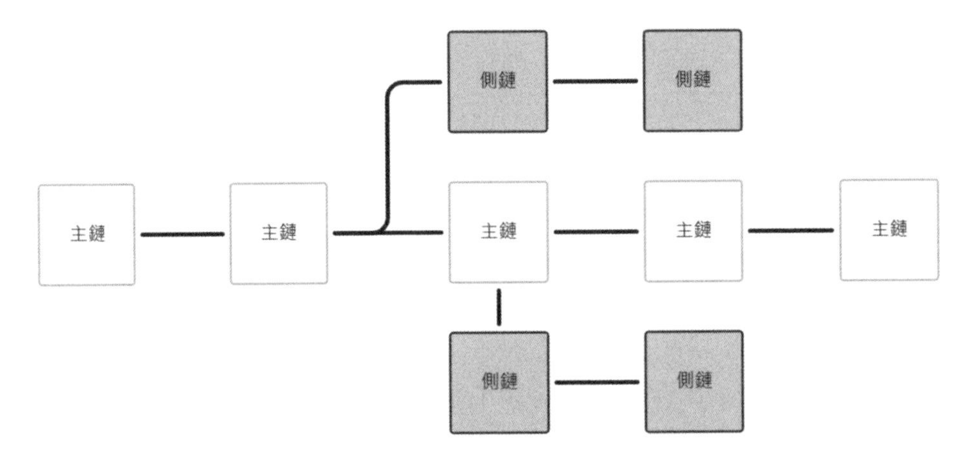

▲ 圖 2-11 側鏈

2.7 區塊鏈的優點、缺點

2.7.1 優點

1. 減少中介點手續費支出。
2. 隨時隨地都可以交易，公開、快速且透明。

2.7.2 缺點

1. **環境影響**：有許多區塊鏈其實是耗費大量的電力在進行交易，並且許多國家有規定用電上限。以下新聞和大家分享：〈比特幣礦工狂偷電！馬國政府火大…派壓路機輾爆上千礦機〉。

▲ 圖 2-12 比特幣礦工狂偷電新聞

2. **要對自己負責**：當我們賺到這些虛擬貨幣時，因為沒有銀行這個角色了，所以我們要自己保管好自己的錢，如果不甚把錢弄丟了，誰也怪不了唷……。
3. **犯罪問題**：即使再怎麼防範，一定還是會有人使用虛擬貨幣詐騙、洗錢、買賣毒品。但似乎只要是貨幣就可能遇到這樣的問題，我們只能控制好自己，不要知法犯法。

Tips

前面的拉線圖都是用 Whimsical 工具拉的。很好用，圖片會自己去背，還可以多人共同編輯。讀者可以前往網址（https://whimsical.com/），或是掃描下方 QR Code。

▲ 圖 2-13 Whimsical 官方網站

2.8 什麼是以太坊？

以太坊（Ethereum）也是一個區塊鏈平台。它和比特幣區塊鏈一樣，都是開放、沒有人能掌控的。雖然都是區塊鏈平台，但以太鏈更能適應以及靈活運用！之後會比較兩者的特色與應用。

2.9 以太坊的特點

它可以自己寫自己想要的程式！因為在以太坊裡面有一個「**以太坊虛擬機**」（EVM）會在每個節點運作，你可以使用 Python 等程式語言來撰寫你想要執行的動作，很酷吧！也因為是在每個節點運作，所以很像一個超大型計算機，同時也有更高的容錯能力，也能避免停機的危機產生，因此衍生出**金融交易**等需要加密、安全、信任的交易，在未來都很有可能使用私有的以太鏈來進行這些事情。

比特幣區塊鏈就像一個儲存交易的平台，記錄點對點的各種交易。而以太鏈則比較像是一個帳戶，在帳戶與帳戶之間的交易、往來。它總共有兩種不同的帳戶：

- **外部擁有帳戶**（EOA，Externally Owned Accounts），會由私鑰控制。
- **合約帳戶**（Contract Accounts），會由合約的代碼控制，只能藉由 EOA 觸發。

接下來解釋一下以太鏈如何運用這兩種帳號來運作。首先，人類基本上只能控制 EOA，因為我們只能控制私鑰、藉由私鑰發號命令。但因為合約帳戶會受到 EOA 觸發，如此一來只要人類的一動，其實就能牽一髮而動全身地讓合約帳戶開始建立新的合約（這也將會是未來的智能合約趨勢）。

舉個例子：很多小學生喜歡惡作劇，把板擦放在門上面，當老師開門走進來的時候，板擦就會不偏不倚地掉在老師頭上（不良示範，請勿模仿）。

門就像 EOA，而板擦就像合約帳戶，老師就是使用者。今天老師做了開門的動作，就像用私鑰開鎖，而門打開了，意味著 EOA 動作了，接著板擦會因為開門而掉了下來，但不是老師去碰觸板擦讓板擦掉下來的，意味著合約帳戶只會被 EOA 影響而開始動作。

另外，使用者跟比特幣區塊鏈一樣要付一些交易費，才可以保障自己的交易不會遭受惡意攻擊，這些錢會付給在每個節點工作的礦工，礦工一樣會爭先恐後地計算、驗證，搶下第一個算出來並加入新區塊的礦工，因為這樣才能領到錢（這個部分的運作模式跟比特幣區塊鏈差不多）。

筆者語錄

今天也要跟願意翻開這本書學習的自己說聲辛苦了，堅持不是一件很容易的事情，但只要堅持下去，你會變得很不容易！

參考來源

1. Blockchain For Beginners: What Is Blockchain Technology? A Step-by-Step Guide
   https://blockgeeks.com/guides/what-is-blockchain-technology/

2. What is blockchain technology?
   https://www.ibm.com/topics/what-is-blockchain

CHAPTER

03

什麼是比特幣？什麼是創世區塊？

3.1 本章學習影片 QR Code

認識比特幣

參觀創世區塊

3.2 什麼是比特幣？

Hi！本章的主題是比特幣！在這裡我會分成五個部分做介紹，有定義、起源、特性、交易、比較，那就繼續看下去吧！

3.3 定義

比特幣是一種去中心化，採點對點網路與共識主動性，開放原始碼，以區塊鏈作為底層技術的加密虛擬貨幣。比特幣由化名的中本聰（Satoshi Nakamoto）於 2008 年發表論文推出，後來這篇論文又被稱為《比特幣白皮書》。不過，在某些國家將比特幣視為網路的虛擬商品，不認為是一種貨幣。

▲ 圖 3-1 中本聰 2008 年發表之論文（https://bitcoin.org/bitcoin.pdf）

3.4 起源

它是中本聰在《比特幣白皮書》提到的一種虛擬貨幣。2010 年在比特幣論壇上開始了第一筆交易，有人用比特幣買了 pizza，但短短四年內比特幣的價值漲了近 90 倍。

3.5 特性

- 沒有發行單位
- 貨幣總量固定
- 不會有通貨膨脹
- 無法偽造
- 無法竄改交易內容

3.6 交易

假設一個貨幣是一串數位簽章。有這個貨幣的人要幫前一個交易和下一個擁有這個貨幣的人的公開金鑰簽名（雜湊數位簽章），並且將此加入一顆貨幣的尾端。如此一來貨幣將發送給下一個持有者，持有者可以透過檢查數位簽章來驗證擁有者。

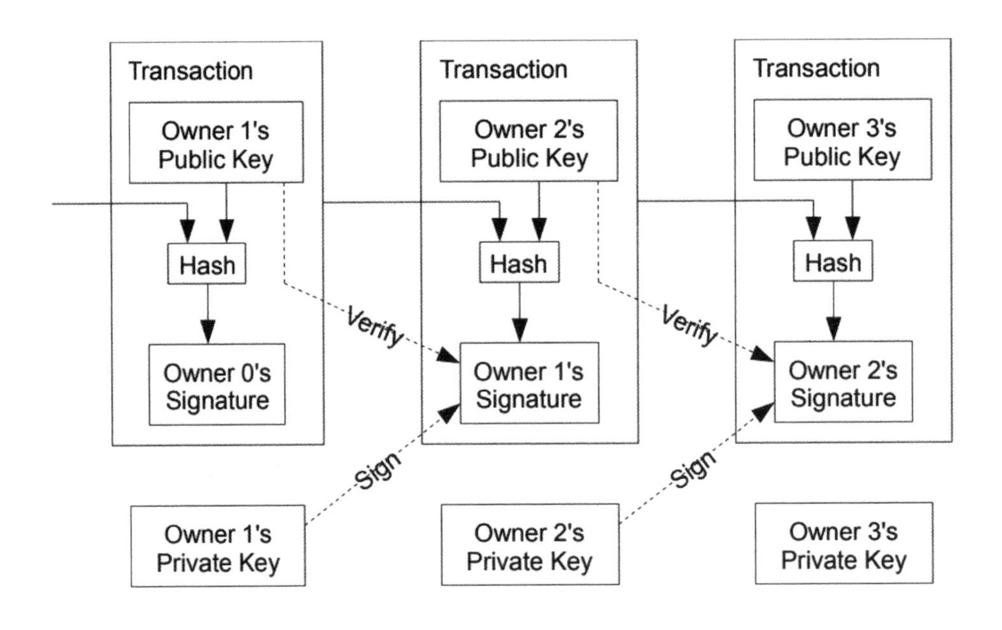

▲ 圖 3-2 交易示意圖（圖片來源：比特幣白皮書）

一個比特幣是比特幣（BTC）的貨幣單位，其實比特幣本身是沒有價值的，之所以能夠有價值，是因為人們信任這樣的貨幣能夠交易，獲得信任後才賦予價值給它。

3.7 比較

3.7.1 比特幣 vs 區塊鏈

「區塊鏈之於比特幣，就像網路之於電子郵件。區塊鏈是一個大型電子系統，可以在上面進行各種應用程序。進行交易貨幣只是其中一種方式。」

—— Sally Davies，英國《金融時報》科技記者

3.7.2 比特幣 vs 以太坊

比特幣：最大的加密貨幣。

以太坊：最大的區塊鏈。

比特幣網路是一個公共的、去中心化的點對點支付網路，用戶可以在沒有銀行參與的情況下發送和接收比特幣。以太坊網路是一個公共的、去中心化的點對點網路。該網路不僅僅是一個支付系統，主要是為了部署去中心化應用程序（DApp，Decentralized Application ）和智能合約而建立的。

3.8 什麼是智能合約？

用複雜的程式碼寫成的一個程式系統，用於管理區塊鏈上的交易執行（後面會單獨用一個章節做解釋）。

用一句話總結智能合約。

"Bitcoin gives us, for the first time, a way for one Internet user to transfer a unique piece of digital property to another Internet user, such that the transfer is guaranteed to be safe and secure, everyone knows that the transfer has taken place, and nobody can challenge the legitimacy of the transfer. The consequences of this breakthrough are hard to overstate."

— Marc Andreessen

3.9 什麼是創世區塊？

什麼是創世區塊？在上文中有提到，中本聰在 2009 年時建立了比特幣網路並開發了第一個區塊，這個區塊稱為創世區塊（Genesis Block）。創世區塊真正的定義是「區塊鏈中的第一個區塊」。

請注意，不是只有中本聰創立的那塊叫做創世區塊，也不是中本聰創立的每一塊都叫創世區塊。而是「只要是每條區塊鏈的第一塊，都叫做創世區塊」。所以比特幣區塊鏈有創世區塊、以太坊區塊鏈也有它的創世區塊。

在英文方面，創世區塊叫做 Genesis Block，因為是第一塊，所以也可以叫做 Block 0 ！

以下一起來看看區塊鏈和以太鏈的創世區塊！

3.10 區塊鏈的創世區塊

首先先到區塊鏈的官方網站 blockchain.com，在搜尋的地方輸入 Block 0。

▲ 圖 3-3 區塊鏈的官方網站

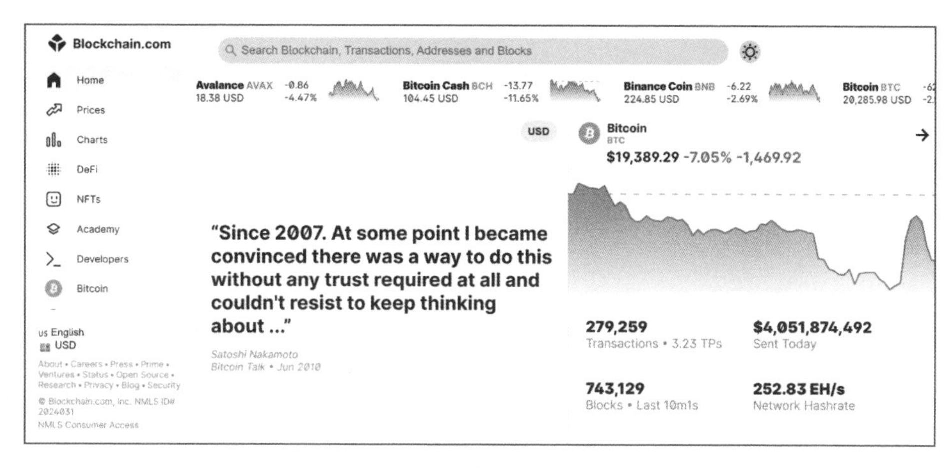

▲ 圖 3-4 區塊鏈的官方網站

▲ 圖 3-5 區塊鏈 Bitcoin Block #0

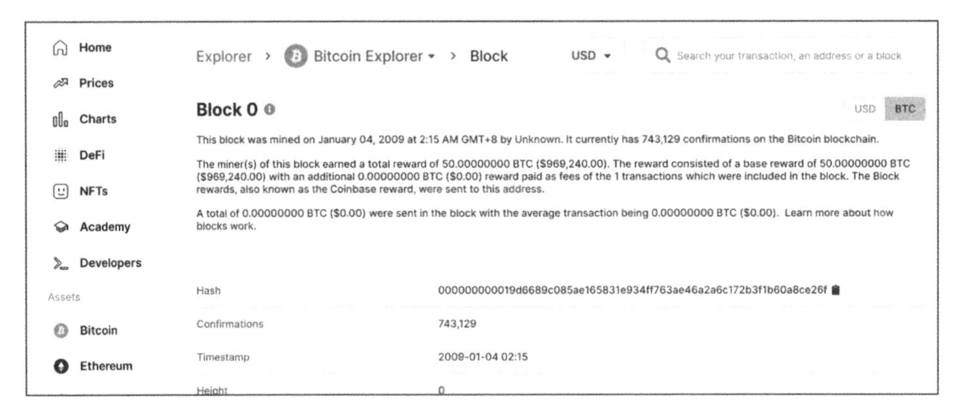

▲ 圖 3-6 區塊鏈 Block#0 頁面 -1

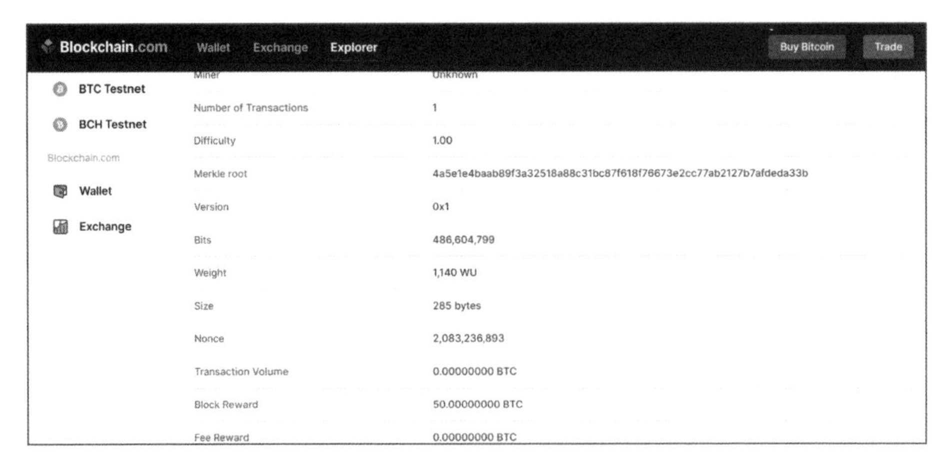

▲ 圖 3-7 區塊鏈 Block#0 頁面 -2

我們可以看到區塊鏈的創世區塊是在 2009/01/04 2:15 分建立的，圖 3-6 中的 Timestamp 就是這筆交易建立的時間戳。Number of Transactions 意思是這個區塊鏈中有幾筆交易，所以在區塊鏈的 Block 0 中，有 1 筆交易。

3.11 以太坊的創世區塊

先到以太鏈的官方網站，然後在搜尋的地方搜尋 Block 0。

▲ 圖 3-8 以太鏈的官方網站 QR Code

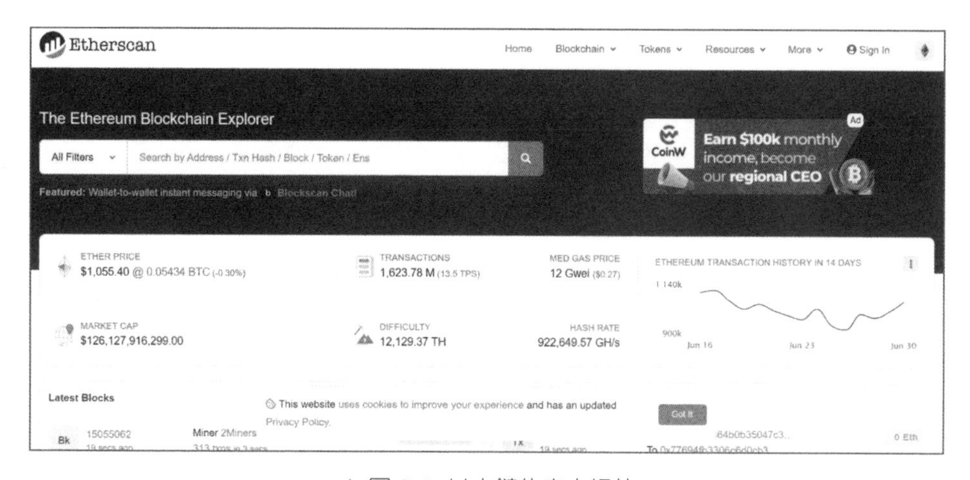

▲ 圖 3-9 以太鏈的官方網站

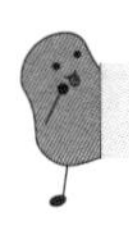

▲ 圖 3-10 以太鏈 Block#0

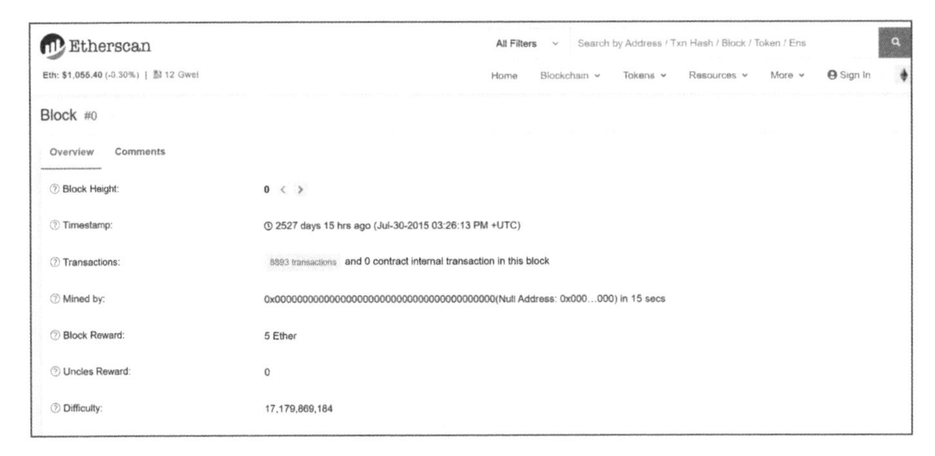

▲ 圖 3-11 以太鏈 Block#0 頁面 -1

Total Difficulty:	17,179,869,184
Size:	540 bytes
Gas Used:	0 (0.00%)
Gas Limit:	5,000
Extra Data:	���N4{N��|�p��3���i��z8���� (Hex:0x11bbe8db4e347b4e8c937c1c8370e4b5ed33adb3db69cbdb7a38e1e50b1b82fa)
Ether Price:	N/A
Hash:	0xd4e56740f876aef8c010b86a40d5f56745a118d0906a34e69aec8c0db1cb8fa3
Parent Hash:	0x0000000000000000000000000000000000000000000000000000000000000000
Sha3Uncles:	0x1dcc4de8dec75d7aab85b567b6ccd41ad312451b948a7413f0a142fd40d49347
StateRoot:	0xd7f8974fb5ac78d9ac099b9ad5018bedc2ce0a72dad1827a1709da30580f0544
Nonce:	0x0000000000000042

Click to see less ↑

▲ 圖 3-12 以太鏈 Block#0 頁面 -2

我們可以看到圖 3-11 中，以太鏈的 Block0 是在 2015/07/30 03:26 分建立的。這邊要注意的是 Transactions 的地方，以太鏈的 Block0 一共有 8893 筆交易。

培養一個好習慣需要 21 天，恭喜你已經成功地堅持 3 天了！

筆者語錄

現在的你正在反映著兩年前的自己，而你現在做的各種選擇，也正影響著兩年後的你。所以別讓未來的你後悔！

參考來源

1. Bitcoin: A Peer-to-Peer Electronic Cash System
   https://bitcoin.org/bitcoin.pdf

2. A Gentle Introduction to Blockchain Technology

3. How Does the Blockchain Work?
   https://onezero.medium.com/how-does-the-blockchain-work-98c8cd01d2ae

4. etherscan
   https://etherscan.io/block/0

5. blockchain.com
   https://www.blockchain.com/btc/block/0

Note

CHAPTER

04

區塊鏈如何運作？

Hi ！本章要介紹區塊鏈如何運作，如果對這個主題有興趣的話，就繼續看下去吧！

4.1 本章學習影片 QR Code

區塊鏈如何運作

名人語錄

「區塊鏈是一台神奇的計算機，任何人都可以向其上傳程序並讓程序自行執行，其中每個程序目前的狀態和所有之前發生過的狀態都是公開可以看得到的，並且具有非常強大的加密經濟安全保證，程序運行鏈上將會繼續按照區塊鏈協議指定的方式執行。」

——維塔利克 · 布特林，以太坊創始人

4.2 區塊鏈運作方式

首先先來說一個故事！ A 同學和 B 同學今天在打賭，他們打賭老師今天上課會穿紅色衣服。如果穿紅色，則 A 同學要給 B 同學 100 元比特幣，如果不是紅色，則 B 同學要給 A 同學 100 元比特幣。

也就是 B 同學賭紅色，A 同學賭不是紅色。

▲ 圖 4-1 A 同學與 A 同學的包包

▲ 圖 4-2 B 同學與 B 同學的包包

那他們可以……

- 口頭講好。他們可以用口頭做完這樣的打賭，但不能保證明天看到老師的衣服顏色後，輸的那方會付 100 元，他大可以假裝把這件事忘掉，避免自己損失錢。

- 簽訂合約書。他們可以用白紙黑字寫清楚，雙方簽名以示負責。但萬一輸的那方違約，贏的人可能要花更多錢、更多時間打官司，很辛苦。

- 找見證人。他們可以請同學幫忙見證，在眾目睽睽之下讓大家知道他們在打賭，這樣明天就不能有人反悔。但這樣也有缺點，萬一見證人說要付錢才要幫忙見證、萬一其中一方去賄賂見證人……。

但是，不管選擇哪一種方法，好像都有好有壞。

因此，這時候就可以將這個打賭**放入區塊鏈**，先將打賭的錢，也就是 A、B 的各 100 元比特幣放入一個區塊中保護（見圖 4-3），再讓區塊鏈去判斷明天老師的衣服到底是不是紅色。

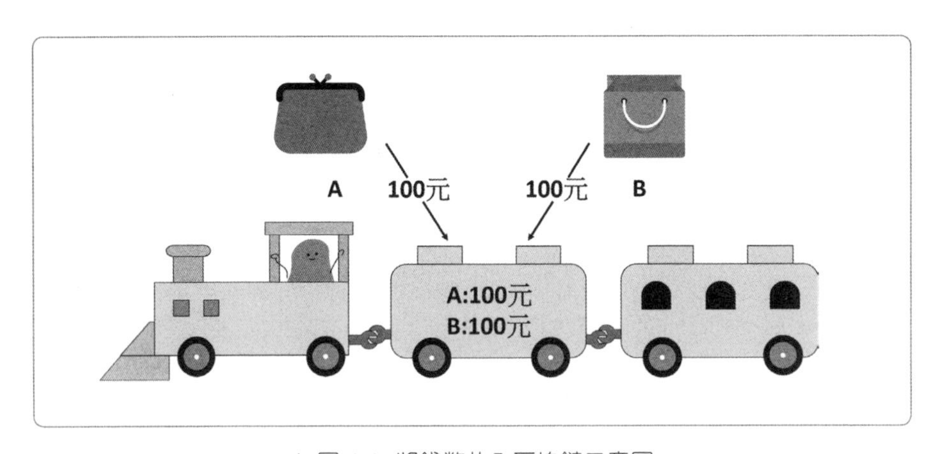

▲ 圖 4-3 將錢幣放入區塊鏈示意圖

- 如果是紅色，則直接將雙方的 100 元轉入打賭紅衣服的 B 的虛擬錢包（見圖 4-4）。

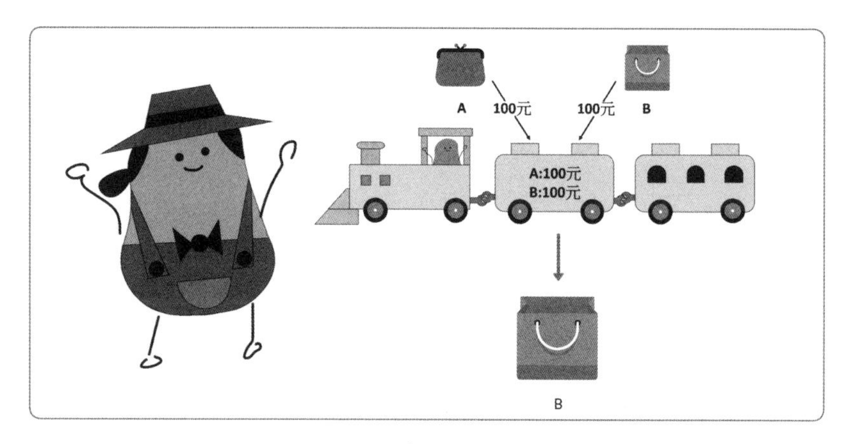

▲ 圖 4-4 老師穿紅色衣服

- 如果不是紅色，則直接將雙方的 100 元（這樣一共是 200 塊）轉入打賭不是紅衣服的 A 的虛擬錢包（見圖 4-5）。

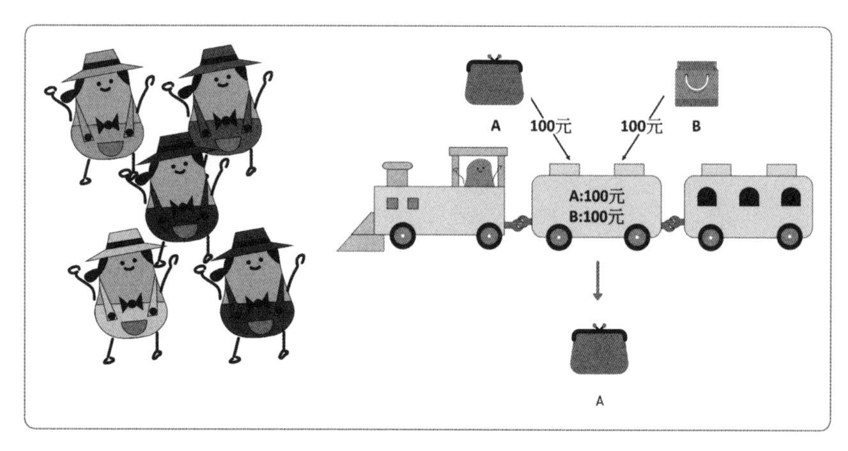

▲ 圖 4-5 老師沒有穿紅色衣服

因為區塊鏈具有不可竄改特性，所以打賭一旦建立就無法修改與反悔，交給區塊鏈運算後也是公正公開的，比起上面那些方法，這樣是不是更方便呢！

4.3 Proof of Work 工作量證明

在進行交易時，數據會被打包成一個區塊一個區塊的樣子，這時候礦工要負責驗證每一個區塊的交易都是合法的，在驗證的過程中可以去想像它在猜密碼鎖，需要很多的計算來解碼。當然同一個區塊有可能好幾個礦工在算，所以第一個算出來的礦工可以大聲的向全世界說自己算出來了！如此一來可以獲得少少的獎勵！

以下列出 Proof of Work 的特性：

- 驗證交易是否合法。
- 避免雙重花費（Double Spending）。
- 獎勵 25 BTC 給第一個完成的礦工。
- 將已驗證的交易當成一個新的區塊寫入鏈中。
- 可能要花費很多電力做運算。

4.4 Proof of Stake 股權證明

這是一種想要解決 Proof of Work 的問題而產生的方法。Proof of Stake 比較像是你有多少能力就做多少事。你今天有 5% 的貨幣可以用，那就最多只能開採 5% 的量。這可以避免 Proof of Work 中大量耗費能源的問題，以及可以避免被攻擊！如果你今天要攻擊 80%，那你也要有 80% 的量才能開採！

以下列出 Proof of Stake 的特性：

- 礦工有多少錢就挖多少交易。
- 避免像 Proof of Work 耗費大量能源。
- 避免被攻擊。

Tips

讀者可能以前在電視上會聽過「區塊鏈礦工挖礦」，指的就是運用自己電腦的電力進行運算取得獎勵的人，但因為會耗費電力，所以還是不要在公共場所「偷電」進行！

筆者語錄

希望正在看這本書的你，可以在每一章節的結束，都從書裡帶走一點知識。

參考來源

1. How Does the Blockchain Work?
   https://onezero.medium.com/how-does-the-blockchain-work-98c8cd01d2ae

2. How does the Blockchain Work? (Part 2)
   https://medium.com/blockchain-review/blockchain-essentials-for-dummies-ba2d8851f1ca

CHAPTER

05

UTXO 未花費的交易輸出

5.1 本章學習影片 QR Code

認識 UTXO

Hi ！本章要介紹 UTXO，本章內容會分成三大部分：UTXO 介紹、特性、交易結合實例，後面兩個部分，建議除了閱讀書本以外，也可以搭配影片觀看會比較清楚唷。

5.2 UTXO 介紹

UTXO 是 Unspent Transaction Output（未花費交易輸出）的縮寫，意旨在交易結束後剩餘的比特幣。就像平常拿著 1000 元和空的零錢包出門買菜，當你到第一攤水果攤時，花了 50 元買了水果，老闆會找你 950 元，此時你就會把這些找回來的錢放到零錢包裡，以便到下一攤蔬菜攤時能夠付錢買菜。

UTXO 就是在處理這件事情，**開始每筆的交易**以及**作為每筆交易的結束**。當你要付錢給水果攤老闆時，這是一筆輸出，也就代表此次交易開始了。當老闆找錢給你時，這是一筆輸入，也就代表此次交易結束。

5.3 UTXO 特性

- 執行加密貨幣的交易後剩餘的貨幣數量。
- 開始每筆的交易以及作為每筆交易的結束。
- 會把剩餘的貨幣數量當作一筆交易輸入區塊鏈。

5.4 交易結合實例

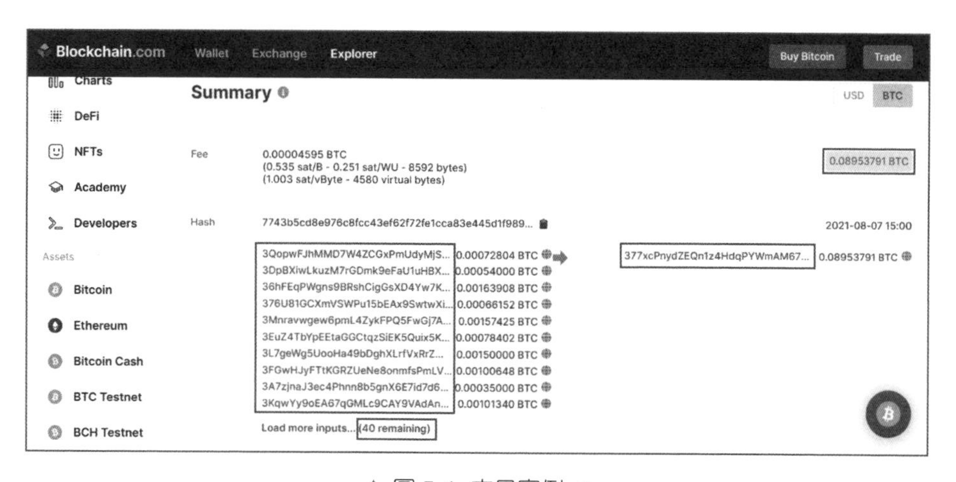

▲ 圖 5-1 交易實例 -1

在圖 5-1 中，一共標註了四個方框，現在就來針對每個方框一一說明。左邊最大的方框代表 Hash 編號，而下面的方框「(40 remaining)」則代表總共有 40 個 input。右邊方框標註只有一條的 Hash 編號，則是 output，代表在這裡只有一個 output。而右上角方框的區域則是此次交易的 bitcoin 轉移總金額。

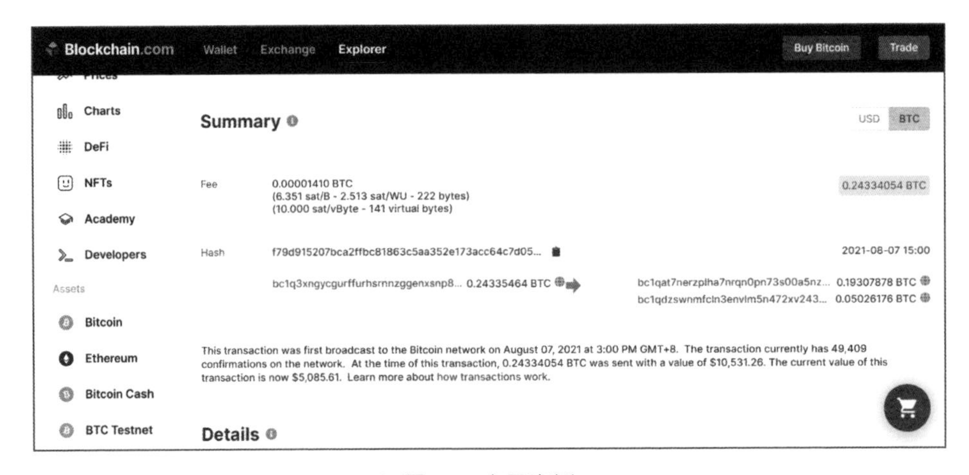

▲ 圖 5-2 交易實例 -2

在圖 5-2 中，我們可以看到這次的交易有一個 input，有兩個 output。

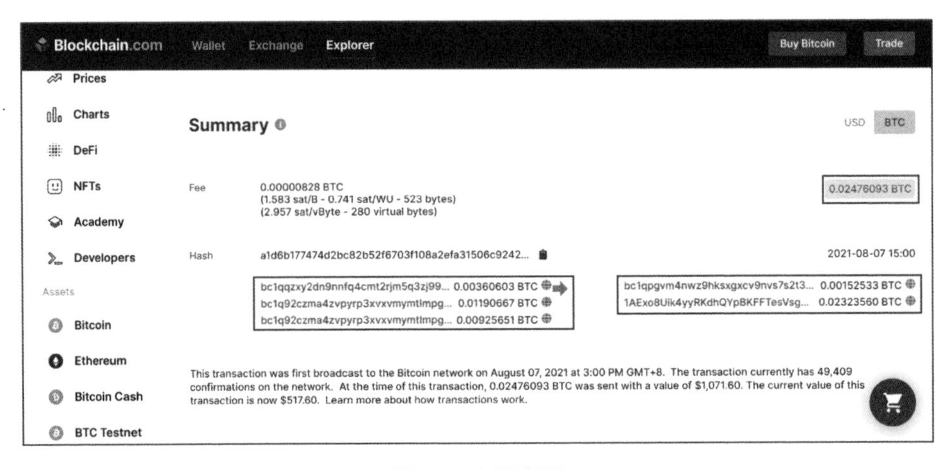

▲ 圖 5-3 交易實例 -3

在圖 5-3 中，我們可以看到有三個方框，最左邊的方框代表有三個 Hash 的編號，也就是有三個 input。中間的方框代表有兩個 output。最右邊的方框內，其數值則代表轉移的總額。

經過這次的定義舉例與講解後，是否發現自己也從看不懂頁面上的數值變成看得懂頁面的人了呢！你正在一點一滴的成長中，就讓我們繼續堅持下去吧！

筆者語錄

想要變得與別人不同，就要做一些和別人不一樣的事情，例如你翻開這本書、嘗試一些新的挑戰、學習一項新的知識，都是一種成長，一定會變得很不一樣！

參考來源

1. 舉例 1
   https://www.blockchain.com/btc/tx/7743b5cd8e976c8fcc43ef62f72fe1cca83e445d1f98961748d44ab18d51e2d2

2. 舉例 2
   https://www.blockchain.com/btc/tx/f79d915207bca2ffbc81863c5aa352e173acc64c7d0509a8930d8ffd88aff239

3. 舉例 3

https://www.blockchain.com/btc/tx/a1d6b177474d2bc82b52f6703f108a2efa31506c9242303c6b12ceacdddddbac

CHAPTER

06

實際動手做：申請屬於自己的 MetaMask 錢包！

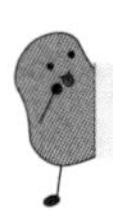

6.1 本章學習影片 QR Code

MetaMask 安裝

Hi ！本章要教大家安裝 MetaMask，首先會先介紹 MetaMask，接著再實際安裝給大家看！

6.2 什麼是 MetaMask ？

我們的第一個實作，就是申請 MetaMask 錢包，它是一個行動錢包，同時也是現在最普及的**加密貨幣錢包**。在前面的文章中有提過，區塊鏈屬於分散式的帳本，因此需要各個地方記著交易記錄，而錢包中會顯示各個交易記錄。簡單來說，你可以把它想成街口支付 / LINE Pay 等支付軟體。

MetaMask 可以切換多種不同的錢包，待會我們就會切換到水管進行測試。

MetaMask 允許你自定義 Gas 的限制和價格，它可以在 Chrome 上運行而不需要額外安裝專用瀏覽器。在這個小錢包裡面會記錄著我們自己的私鑰，可以想成一組自己的私密密碼。

現在操作 MetaMask 很方便，只要在 Chrome 安裝擴充功能，就能開始使用了，現在就讓我們來安裝並創立自己的錢包。

6.3 實際安裝！

STEP 1 搜尋擴充商店。

首先先到大家最熟悉的 Google 網站，記得要用 Chrome 打開。接著在搜尋欄輸入「Chrome 擴充」，來到 Chrome 擴充商店。

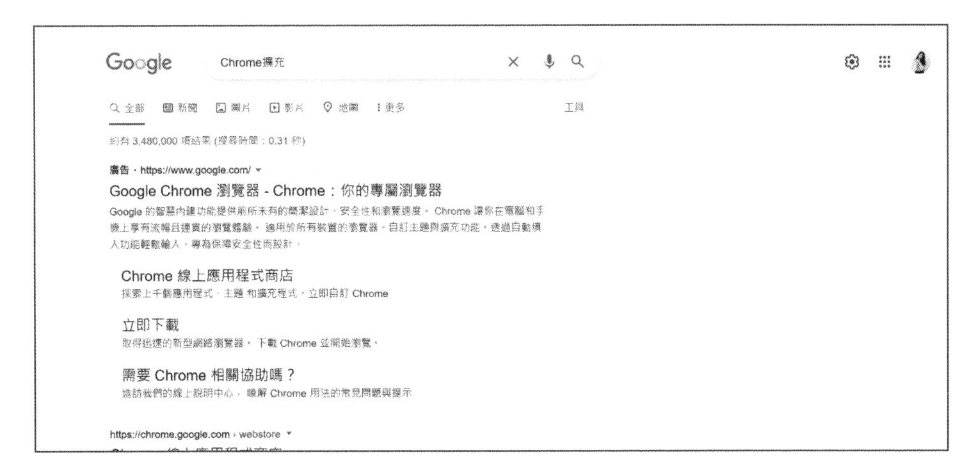

▲ 圖 6-1 前往 Chrome 擴充網站

STEP 2 搜尋 MetaMask。

接著在搜尋欄輸入「MetaMask」，會跳出一個小狐狸圖案，就是它了！按下它然後安裝，就是這麼簡單！

▲ 圖 6-2 在 Chrome 擴充網站搜尋 MetaMask

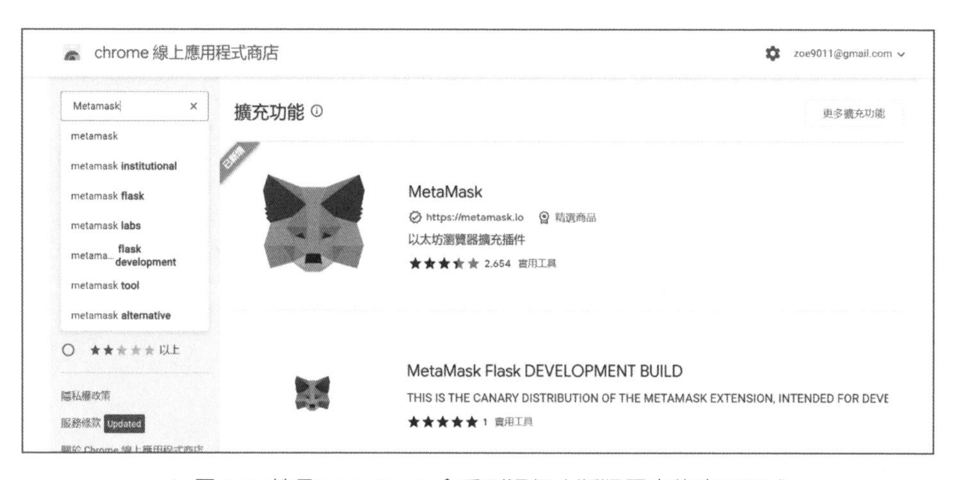

▲ 圖 6-3 搜尋 MetaMask 會看到這個小狐狸圖案的應用程式

STEP 3 點擊「加到 Chrome」按鈕。

按下後它會跳出如圖 6-5 的下載通知，等它跑一下下後就會安裝好了。

▲ 圖 6-4 點選加到 Chrome 頁面

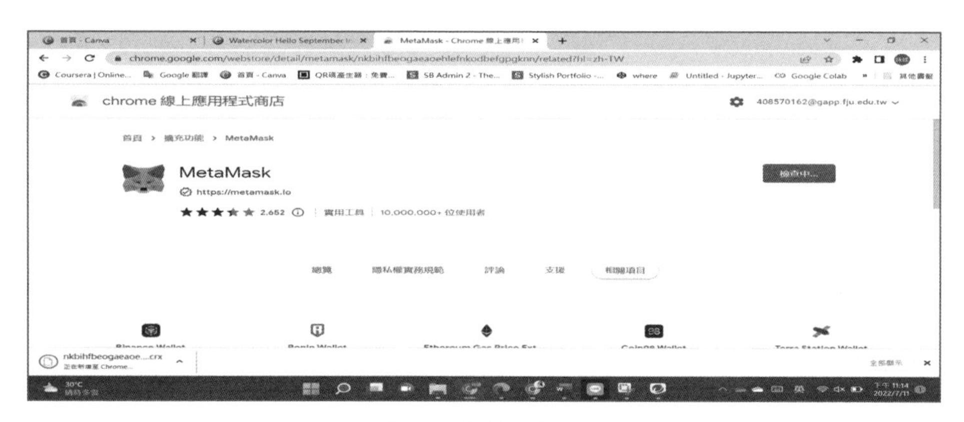

▲ 圖 6-5 出現下載之頁面

STEP 4 開始使用。

安裝完後會自動跳到進入頁面，按下進入。如果已經有帳號可以直接點輸入助記詞，如果還沒註冊過，就按右邊的按鈕，並且跟著它一步一步註冊，這樣就完成了！

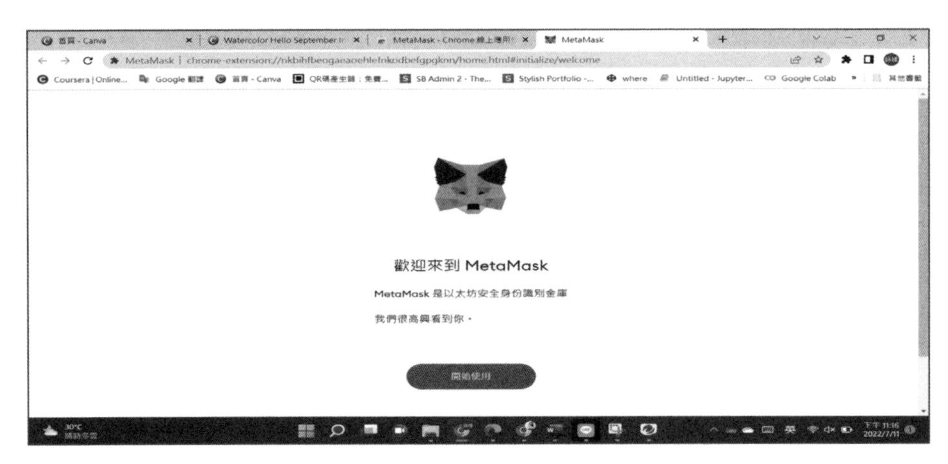

▲ 圖 6-6 完成下載之頁面

▲ 圖 6-7 選擇匯入錢包或創建錢包之頁面

Tips

助記詞是私鑰的另一種表現方式，一般會由 12 到 24 個單字組成。通常錢包私鑰會由 64 字元組成，不容易記得，因而有了助記詞這個選項。

助記詞真的非常建議寫下來！不要以為你能記住一輩子，別跟錢包過不去，給自己多一分保障！

筆者語錄

第一次接觸到 MetaMask 的時候我也感到非常新奇，竟然會有用擴充套件就能使用的行動錢包！但還是要謹慎使用，畢竟現在網路詐騙層出不窮，一定要小心使用，避免錢包遭竊，得不償失。

Note

CHAPTER

07

本篇總結 & 重點整理

7.1 本章學習影片 QR Code

本篇總結

很高興您翻到了這裡，在這一篇裡，我們開啟了與區塊鏈的相遇並且踏上旅途，這一節我們會做這週的重點複習與總結，最後附上總結給大家複習！

首先，我們先學習了區塊鏈，知道它是從中本聰的論文裡出現的名詞，是一種點對點的電子支付系統。

7.2 區塊鏈

- 去中心化（分散式帳本）
- 有智能合約
- 不可竄改

7.3 以太坊

以太坊裡面有一個叫做「以太坊虛擬機」(EVM)會在每個節點運作。

- 外部擁有帳戶(EOA),Externally Owned Accounts ,可以用私鑰控制。
- 合約帳戶,Contract Accounts,要用合約的代碼控制,而且只能藉由 EOA 去觸發(無法人為觸發)。

7.4 區塊鏈的類型

- 公有鏈(Public Blockchains)
- 私有鏈(Private Blockchains)
- 混合鏈(Hybrid Blockchains or Consortiums)
- 側鏈(Sidechains)

7.5 比特幣

- 去中心化
- 開放原始碼

- 以區塊鏈為底層技術
- NO 發行單位
- NO 人能夠操控貨幣總量
- NO 通貨膨脹問題
- NO 偽造比特幣
- NO 竄改交易內容

7.6 創世區塊 Block#0

不是只有中本聰創立的那塊叫做創世區塊，也不是中本聰創立的每一塊都叫創世區塊。只要是每條區塊鏈的第一塊，都叫做創世區塊。

7.7 工作量證明（比特幣區塊鏈）Proof of work

- 驗證交易是否合法。
- 避免雙重花費（Double Spending）。
- 獎勵 25BTC 給第一個完成的礦工。
- 將已驗證的交易當成一個新的區塊寫入鏈中。

- 可能要花費很多電力做運算。

7.8 股權證明（以太坊）Proof of Stake

- 礦工有多少錢就挖多少交易。
- 避免像 Proof of Work 耗費大量能源。
- 避免被攻擊。

7.9 UTXO

- 執行加密貨幣的交易後剩餘的貨幣數量。
- 開始每筆的交易以及作為每筆交易的結束。
- 會把剩餘的貨幣數量當作一筆交易輸入區塊鏈。

Q&A Time

1. 比特幣區塊鏈中使用的是 ________ 證明？
2. 以太坊中使用的是 ________ 證明？
3. 創世區塊是區塊鏈的第一個區塊？
4. 創世區塊指的是只要是中本聰創立的區塊，就是創世區塊？
5. UTXO 開始每筆的交易以及作為每筆交易的結束？
6. 礦工是執行區塊鏈協議定義的操作？
7. 比特幣屬於公有鏈？
8. 外部擁有帳戶（EOA）由 ________ 控制？
9. 以太坊區塊鏈和比特幣區塊鏈的區別在於智能合約？
10. 合約帳戶可以人為觸發嗎？

答案

1. 工作量證明
2. 股權證明
3. O
4. X
5. O
6. O
7. O
8. 私鑰
9. O
10. 不可以

筆者語錄

恭喜你看完了第一篇的理論與實作，回首這個星期，是不是和上星期的自己有點不太一樣了呢！

本篇的介紹就到這邊拉。我們永遠都在學習的路上一步一步成長，希望在這本書中，我們能夠一起學習一起成長！明天記得繼續回來看下一章，簡單的事情一直堅持，也會變得很不一樣！

PART 2

區塊鏈列車啟程：NFT 與元宇宙在夯什麼？

經過了第一篇與區塊鏈的互相認識後，筆者將在第二篇揭密給大家元宇宙與 NFT 到底在夯什麼，並帶你一窺元宇宙的奧妙！但讀者也能放心，我們將會以最易懂的方式搭配圖片帶大家認識，因此可以放心觀看，本書永遠普及。

CHAPTER

08

什麼是元宇宙？

近期元宇宙這個名詞開始頻繁的出現在我們的耳邊，許多大企業例如微軟、Google、Facebook（現改名為 Meta）紛紛開始佈局投資、搶占先機，而究竟元宇宙到底是什麼呢？為什麼成為近期討論度超高的關鍵字？而元宇宙又會如何影響我們的生活呢？

8.1 元宇宙是什麼？

我們可以把元宇宙想像成是一個和現實世界並存的虛擬世界，我們可以在元宇宙裡有自己的虛擬替身（Avatar），可以為自己的替身添購衣服與各種裝備，也可以有自己的小屋與擺飾……等，可以想像成是一個多人的大型線上遊戲，而你也是其中的一位玩家，你可以自己定義自己的長相、個性與穿搭，你可以自由的成為你想成為的樣子。這個線上遊戲裡有許多現實世界也有的商店，並且時時刻刻都是現在進行式。

▲ 圖 8-1 虛擬替身示意圖，在元宇宙中你可以成為任何樣子

8.2 元宇宙起源

元宇宙的概念起初是出現在 Neal Stephenson 於 1992 年所出版的小說《雪崩》（Snow Crash）中，書中的主角是披薩送貨司機，當他不上班時會讓自己沉浸在元宇宙中（先暫時想像成沉迷於電玩遊戲的樣子）擔任一名黑手黨的駭客，有天他拿到了名為 Snow Crash 的文件，但主角的朋友打開這個文件後卻讓他的角色在元宇宙中中毒了，現實世界中則是腦部損傷，而展開了一連串的故事。讀者如果有空可以去翻閱這本小說！此外，電影《一級玩家》（Ready Player One）正是改編自這本科幻小說《雪崩》，而由 meta（超越）和 universe（宇宙）組成的「metaverse」一詞，也是起源於此。

8.3 元宇宙現今發展

其實要發展元宇宙，需要非常非常多方面的技術，舉凡 AR（Augmented Reality，擴增實境）/ VR（Virtual Reality，虛擬實境），還有加密技術、區塊鏈……等許多技術。正因為近年來這些技術正在加速發展且趨於成熟，加上我認為疫情也是讓元宇宙在此時此刻成為熱門話題的重大推手，這幾年我們開始頻繁使用線上會議、線上課程甚至線上活動，例如：跨國零時差的線上演講、線上同步畢業典禮、線上演唱會……等，這些體驗都讓大家更認為元宇宙這個虛擬世界的概念在未來很有可能實現，並且將會是一種趨勢，才讓元宇宙這個想法達到了引爆點，讓大企業看到商機，成為近幾年發展的熱門想法與關鍵字。

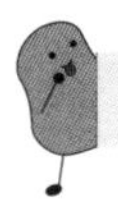

2003 年時，林登實驗室曾推出了一個線上的多媒體平台《第二人生》，之所以會被大家認為是有史以來第一個以元宇宙為概念開發的應用，是因為這個平台沒有預先寫好的遊戲腳本，沒有一定的關卡需要破關，而是可以自由自在地在平台中創造自己想創造的東西，以及可以在這個平台上用虛擬身分認識別人、參與各種活動。

近年來比較常聽到的還有微軟的《Minecraft》遊戲，在 3D 的世界中找尋原料、搭建自己的建築物以及各種物品，還看到有高中生耗時好一段時間，在 Minecraft 中搭建了自己的學校，並在畢業典禮上展示給畢業生！以上這些都是元宇宙在遊戲中的應用！

「元宇宙與虛擬實境最大的差別在於時間是否是同步的，以及元宇宙是不會因為沒有網路或沒有電力而停止運作的。」

同時，這件事也是未來很大的挑戰，為了讓元宇宙永遠同步於現實，可能會需要許多的能量與處理器來進行同步，但大家仍然對元宇宙的前景看好，相信在未來一定能找到方法解決這個問題。

8.4 為何大家都對元宇宙有所期待？

隨著疫情加速了科技的發展，達到了許多前所未有的里程碑，也讓元宇宙的可能性被看見，近年來大企業開始紛紛卡位，也是因為他們看到元宇宙未來的無限商機。在這邊我們一起來聊聊大企業家們看到的各式商機！

首先我們在元宇宙的世界中，我們會需要一個虛擬人像，在元宇宙中你可以挑戰你在現實世界中沒有體驗過的人生，像是變成一位歌手或名人，從事一份在現實世界中沒有體驗過的工作，元宇宙中你是自由的！在未來許多企業或許會在元宇宙裡開店，2022 年 2 月麥當勞提出了在元宇宙中的商標申請，知名運動品牌 Nike、Skechers 也有提出相關的商標申請，這些大企業都有在元宇宙中開店的打算，甚至推出優惠活動，把商機帶到現實世界……等，在元宇宙中你不用拘泥於他人眼光，可以搭配在現實生活中不敢挑戰的穿搭風格，雖然元宇宙仍然在發展階段，也沒有一個完整的輪廓，但是已經先被許多大企業看好，或許未來真的會有一個同步的虛擬世界在現實世界中呈現！

面對這項未來趨勢，許多企業也因為自己的本身優勢想要在元宇宙中奪得一席之位，例如：Meta 公司擁有廣大的社群用戶、微軟則可以專注在企業元宇宙上，NVIDIA 則可以扮演基礎建設的軍火商之角色。

Tips

面對瞬息萬變的科技趨勢，我能做什麼呢？

雖然我們還沒有一間超級大公司，但現階段我認為我們可以做的事情就是好好的去了解這些新科技，雖然我們常常看到這些創新科技改善生活、值得擁有的一面，但我們也應該小心許多的科技陷阱，科技正在進步的同時，駭客也正在進步，因此好好了解新科技，並擁有正確的科技觀念是我們現階段應該做的事情。

筆者語錄

在學習與認識元宇宙的過程是否感到科技真的在瞬息萬變！你是否看好元宇宙是未來趨勢？或是你已經開始思考你想要擁有什麼樣式的頭像了呢？

參考來源

1. Neal Stephenson
   https://en.wikipedia.org/wiki/Neal_Stephenson

2. Snow Crash
   https://en.wikipedia.org/wiki/Snow_Crash

3. 【圖解】元宇宙是什麼？為何是「下一代網際網路」？產業會產生什麼衝擊？
   https://style.yahoo.com.tw/%E5%9C%96%E8%A7%A3-%E5%85%83%E5%AE%87%E5%AE%99%E6%98%AF%E4%BB%80%E9%BA%BC-%E7%82%BA%E4%BD%95%E6%98%AF-%E4%B8%8B-%E4%BB%A3%E7%B6%B2%E9%9A%9B%E7%B6%B2%E8%B7%AF-060934300.html

CHAPTER

09

NFT 在夯什麼？

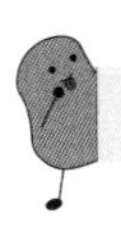

之前曾聽過一句話，「賣得掉的數位藝術才是 NFT，賣不掉的是 JPG」。NFT 成為近幾年出現在各大科技論壇的趨勢之一，許多企業家與品牌也紛紛抓緊這次的機會跟著進場，不管是一段音樂、一張圖片、一幅畫、甚至是一則推特留言，都能成為 NFT。在這個章節中，筆者將會帶大家一起認識 NFT，以及一起來聊聊 NFT 到底在夯什麼！

9.1 NFT 是什麼？

NFT 是 Non-Fungible Token 的縮寫，中文翻譯為「非同質化代幣」。NFT 的特點包含了：**不可分割**、**不可替代**、**獨一無二**，因此賣點就是它的稀缺性。

9.1.1 同質化 vs 非同質化的差別在哪呢？

以太幣（ETH）、比特幣（BTC）都是同質化代幣，就是你擁有的比特幣本質與價值上都是相同的。就像今天我借你 10 元投飲料機，你明天再從家裡帶 10 元還我，這兩個雖然是不同個硬幣，但他們的價值是一樣的。

而 NFT 則是非同質化代幣，意思就是每個 NFT 都是不一樣的，價值也不同，所以世界上沒有兩個一模一樣且價值相同的 NFT。

NFT 對於藝術家來說是一件非常突破性的技術，以往許多人都會有藝術家這個職業不能當飯吃的印象，因為許多藝術品在過去都是一次性的交易價值。但現在有 NFT 就不一樣了，藝術家可以在自己的藝術品被一次又一次的轉賣過程中，從中獲取一些分潤。如此一來藝術品的價值對於藝術家來說，就不是一次性的價值，而是會隨著市場一直帶來價值。

▲ 圖 9-1 Mike Winkelmann（又名 Beeple）的作品《每一天：前 5000 天》（圖片來源：佳士得）

圖 9-1 的這幅畫，在 2021 年時以 6935 萬美元的天價交易成功了，雖然這件作品隨時都可以在網路免費下載或複製。但實際上，它是一個 NFT 形式的數位作品，有著獨一無二、不可替代的價值。此外 NFT 有認證的機制，這項機制會記錄交易的所有記錄，因此可以清楚看見有誰曾經持有過這項藝術，NFT 有區塊鏈記錄不可竄改的特性，除了你的交易記錄會被保存下來，將作品以 NFT 形式保存，也能避免你的作品被複製以及竄改。

9.2 NFT 起源

NFT 的起源是來自於一款虛擬遊戲加密貓（CryptoKitties），在這款遊戲裡，每一隻貓咪都是獨一無二的，而玩家可以自由地在遊戲中收集、繁殖加密貓，而 NFT 的概念就這樣被發展至今。

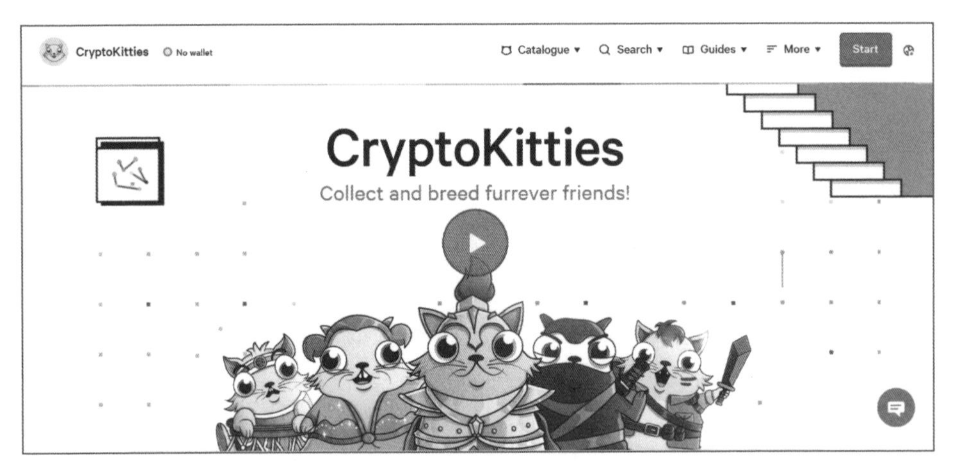

▲ 圖 9-2 加密貓（CryptoKitties）
（圖片來源：CryptoKitties 官網）

9.3 NFT 現今發展

在現代的數位時代，網路上的文字、圖片、音訊都有可能被無限制地複製與轉傳，而 NFT 在這個時候就能幫助我們來分辨誰才是一開始的原創。現今的局勢發展，是許多知名品牌與名人紛紛進駐，打造屬於自己的 NFT，但是名氣對於 NFT 的影響甚高，在現實世界有名的人或品牌很容易就有很好的價錢，但是在現實世界沒有什麼名聲的人，很難將自己的 NFT 提升價值。而且現在 NFT 的投資者大多數的目的都是為了賺錢，而非真的想要好好收藏藝術品。

目前 NFT 現在也還只是剛起步，等未來整個體系、法律與科技更加成熟與普及化時，仍然很有未來性。因為疫情加速了科技，有些博物館與美術館正在籌備虛實整合的線上看展功能，不用出門也能在家欣賞各個國家的博物館與美術館，我認為這很有機會在未來搭上 NFT 的趨勢，畢竟喜歡欣賞、收藏美術品的大有人在，也有人喜歡收集偶像專輯……等等，或許未來能夠讓 NFT 變成收藏藝術的新管道！

9.4 什麼是盲盒？

如果有在關注 NFT，可能有時候會聽到「盲盒」這個名詞。在這個小節中，筆者會介紹什麼是盲盒。

盲盒就是一個裝著隨機 NFT 的盒子，這個隨機的 NFT 會有不同的稀有度，全靠你的運氣，如果能花相同價錢買到非常稀有的 NFT，那就真的會有賺到的感覺！這就像玩扭蛋機一樣，你扭出來的商品都不太一樣，但你在扭之前是不會知道你會得到什麼樣的禮物。

NFT 盲盒會這麼受歡迎，甚至為 NFT 帶來價格波動，是因為很多時候會有幾間公司一起推出聯名盲盒，有可能被許多人看好，因此會特別具有價值。

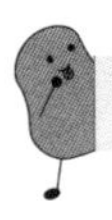

9.5 為何大家對 NFT 有所期待？

在科技快速發展的時代，NFT 已被許多具有科技趨勢公信力的企業與名人看好，而且 NFT 也能和元宇宙結合。或許在元宇宙裡，你穿的衣服、頭髮的髮型、房子、車子甚至是家裡的一幅畫都會以 NFT 的方式儲存與進行，這將會是很大的商機。

此外他們也相信在未來 NFT 也不會只停留在虛擬世界，像是被譽為 NFT 之王的「無聊猿」也從 NFT 開始變成像一個品牌，甚至和不同的企業聯名，帶動商機。例如：無聊猿在 2022 年 6 月宣布要和流行音樂雜誌《滾石》推出聯名 NFT。知名的運動品牌 Nike 也在 2021 年 12 月宣布收購了虛擬球鞋設計公司 RTFKT Studios，而 RTFKT Studios 也曾經和許多不同國家的藝術家合作，一起推出不一樣的 NFT，製作的虛擬球鞋也在被名人穿過後身價翻倍（當然不是真的「穿」在腳上，是「P 圖」到自己腳上）。

▲ 圖 9-3 RTFKT Studios x Nike Dunk Genesis CRYPTOKICKS 虛擬鞋款 NFT
（圖片來源：OpenSea 官網）

圖 9-3 是 RTFKT Studios 和 Nike 推出的虛擬鞋款 NFT，也是 Nike 的第一雙虛擬鞋款。或許這些大企業就是看到這樣的商機，在未來的元宇宙裡，

你可以買一雙在現實世界不會穿的風格的鞋子，來給虛擬的替身穿上，抑或是這些虛擬球鞋在未來某天也能有機會出現在現實世界中。

正因為 NFT 的圈子正在起步，目前看起來有許多未來發展性，因此被看好，但還是要記得謹慎評估理財，才不會在元宇宙中成為富翁，卻在現實世界口袋空空。

9.6 NFT 潛在的危險

9.6.1 安全疑慮

其實不管現實世界還是加密貨幣的世界都一樣，有交易就可能會有小偷，使用者也會擔心錢包遭竊的問題，很難有一個完善的措施能完整解決安全問題。因此我們只能小心使用，也要避免自己不小心弄丟錢包。

9.6.2 法律疑慮

在法律疑慮裡其實潛在許多爭議，例如：自己的臉被別人上傳，成為別人的 NFT 怎麼辦？萬一自己拍攝的照片被別人上傳成為別人的 NFT，有法律可以規範嗎？會不會有人使用 NFT 來進行非法洗錢？買到了 NFT 就等於完全擁有這個東西嗎？

其實許多的答案都還有待討論，畢竟 NFT 是個數位資產，而法律對於數位資產的保護，許多法案也都還需要時間進行討論與調整。此外，**今天你買**

了一個 NFT，並不代表你有它的所有權。你只是獲得了「版權許可」，以及上面會明確記錄你有購買過這項 NFT。

9.6.3 泡沫化疑慮

NFT 的價值會因為它的稀有性以及各種新興趨勢而有所波動，例如公司收購了其他公司或是被收購、市場行情變動……等。NFT 沒有漲幅、跌幅、熔斷的機制，雖然真的有可能在一夕之間爆富，但高報酬背後隱藏的是高風險，買賣之前記得先做好功課、看好趨勢。

新聞參考：〈韭菜之王！他花 8000 萬買「首則推文 NFT」拍賣喊價剩 8000 元〉

▲ 圖 9-4 韭菜之王！他花 8000 萬買「首則推文 NFT」 拍賣喊價剩 8000 元

前區塊鏈公司 Bridge Oracle 執行長艾斯塔維（Sina Estavi）去年以約 290 萬美元（約 8000 萬元新台幣），在 NFT 交易平台買下推特（Twitter）創辦人捷克多西（Jack Dorsey）的第一則貼文。沒想到，艾斯塔維近日宣布要賣出 NFT，並將 50%的收益捐出，然而結標時卻僅剩 277 美元（約 8000 元新台幣）。據悉，艾斯塔維因購買「首則推文 NFT」而聞名，但他去年在伊朗被指控破壞經濟體系而遭到逮捕，被關押 9 個月，名下的區塊鏈公司 Bridge Oracle 及 CryptoLand 因此倒閉。

筆者語錄

你認同藉由購買 NFT 當作收藏嗎？我認為 NFT 能和藝術結合真的是很棒的事情，因為可以打破當藝術家會吃不飽的刻板印象，也很期待未來更多領域加入 NFT ！

參考來源

1. 「無聊猿」NFT 項目宣布與滾石雜誌合作開發聯名 NFT，並將公開拍賣
https://news.cnyes.com/news/id/4897926

2. Nike 收購虛擬球鞋設計公司 RTFKT 展現元宇宙版圖擴張野心
https://tw.news.yahoo.com/news/nike%E6%94%B6%E8%B3%BC%E8%99%9B%E6%93%AC%E7%90%83%E9%9E%8B%E8%A8%AD%E8%A8%88%E5%85%AC%E5%8F%B8rtfkt-%E5%B1%95%E7%8F%BE%E5%85%83%E5%AE%87%E5%AE%99%E7%89%88%E5%9C%96%E6%93%B4%E5%BC%B5%E9%87%8E%E5%BF%83-065128999.html

3. 加密貓（CryptoKitties）
https://www.cryptokitties.co/

4. 韭菜之王！他花 8000 萬買「首則推文 NFT」拍賣喊價剩 8000 元
https://finance.ettoday.net/news/2230044

Note

10

NFT 與元宇宙的運作方式

10.1 NFT 運作方式

NFT 是沒有官網的，因為去中心化，所以每個人都有自己的錢包，每個人也都能發行 NFT。

這邊會以圖 10-1 來簡單說明 NFT 運作的方式：

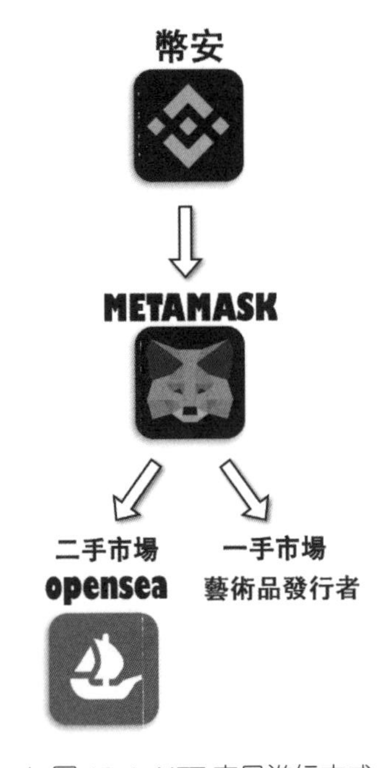

▲ 圖 10-1 NFT 交易進行方式

以購買人的角度：

要先去**幣安所**綁定你的銀行帳戶，再把錢轉到錢包 MetaMask，有錢在錢包的時候就能去選購你喜歡的藝術品進行買賣了。

這裡有兩種購買方式可以選擇：第一種是直接和藝術品的發行人購買，這樣你會是第一手的主人。第二種方式是到 OpenSea，跟其他用戶購買二手甚至三手的藝術品。

因為智能合約會記錄一切的買賣，因此只要你有買過這項藝術品，交易記錄就會永久存在。NFT 都使用以太坊協議以及 ERC-721 標準，且每個符合標準的代幣都有「唯一的 ID」，獨一無二，並能保證其所有權與安全性。

在 NFT 上購買還有一個好處，就是不用擔心買到假貨。因為 NFT 會用智能合約清楚撰寫，而且具有不可竄改以及無法被複製的特性，作者、交易記錄、交易時間都會清楚交代。

10.2 ERC-20 vs ERC-721

ERC-20 主要是針對一般的同質化代幣（例如：以太幣 ETH）的標準協議。同時 ERC-20 標準協議也會清楚記載同質化代幣的總發行量，以及制定明確的轉帳、匯款等交易功能。

ERC-721 是以太坊對非同質化代幣 NFT 的第一個標準協議，ERC-721 包含知識產權、身分證明、金融文書等。ERC-721 是加密貓遊戲 CryptoKitties 的 CTO Dieter Shirley 建立的。

10.3 比特幣 vs NFT

比特幣與 NFT 的比較，請見下方表格。

比特幣與 NFT 的比較		
名稱	比特幣	NFT
性質	同質化代幣	非同質化代幣
定義	同本質同價值	不同本質不同價值
特性	一致性	可分割、不可替代、獨一無二、稀缺性
用途	投資、買賣、交易	投資、收藏

備註：NFT 是使用區塊鏈來發行的智能合約，比特幣是使用「區塊鏈」建立的「加密貨幣」。

10.4 元宇宙運作所需要的要素

元宇宙若真的要實現，必須要有能量足夠讓元宇宙永遠是連線狀態，才能讓元宇宙時時刻刻進行著。此外也要有強大的 UX（使用者體驗，User Experience），讓使用者有最佳的沉浸式體驗。

雖然元宇宙仍然只是一個概念而已，但是隨著經濟科技快速發展，普遍認為這會是未來會實現的世界。普遍的人認為這將會是一個以人與人的社交連結為主的虛擬世界，也能夠和真實世界有許多連結，例如在虛擬世界試穿衣服、試戴髮飾，並在虛擬世界購買，送到真實世界也說不定！

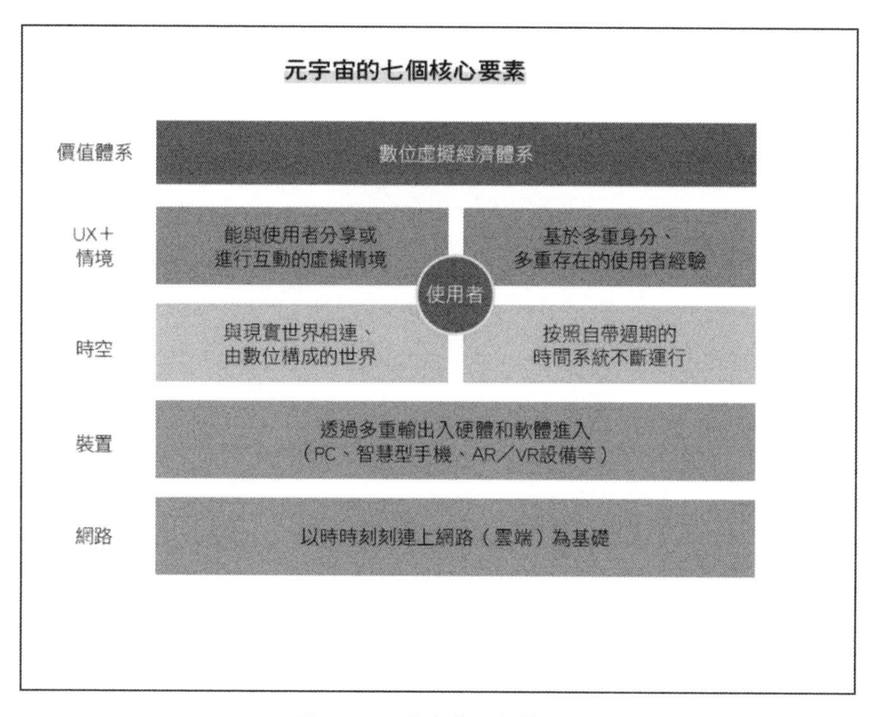

▲ 圖 10-2 元宇宙的七個核心元素
（圖片來源：工商時報 - 元宇宙的七大核心要素）

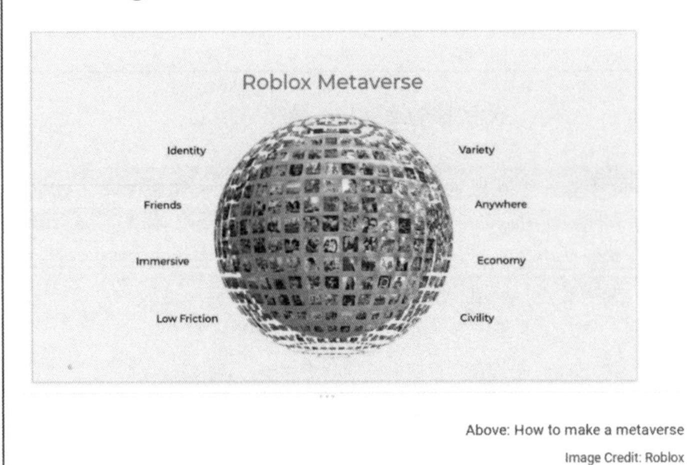

▲ 圖 10-3 元宇宙的八個核心元素
（圖片來源：VentureBeat 官網）

Tips

國外有許多知名網站都有發表各自對元宇宙與 NFT 的看法，如果有興趣的話非常建議去瀏覽看看！會獲得許多收穫！

筆者語錄

在科技每天都在進步的日子，願我們都能執著於理想，純粹於當下。

參考來源

1. NFT 是什麼？ NFT 技術？種類？風險？一文弄懂 NFT ！
https://www.stockfeel.com.tw/nft-%E6%98%AF%E4%BB%80%E9%BA%BC-%E7%A8%AE%E9%A1%9E-%E9%A2%A8%E9%9A%AA-%E9%9D%9E%E5%90%8C%E8%B3%AA%E5%8C%96%E4%BB%A3%E5%B9%A3/

2. Roblox CEO Dave Baszucki believes users will create the metaverse
https://venturebeat.com/2021/01/27/roblox-ceo-dave-baszucki-believes-users-will-create-the-metaverse/

3. 邁向 WEB3.0，了解建構元宇宙八要素
https://mymkc.com/article/content/24785

4. 加密貨幣、NFT 很好賺，但不是你想的那樣！專家拋出六大問題，揭穿新龐氏騙局
https://www.storm.mg/lifestyle/4197792?mode=whole

5. 元宇宙的七大核心要素
https://ctee.com.tw/bookstore/selection/578717.html

Note

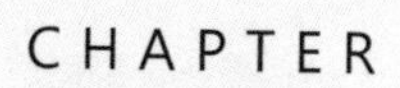

11 什麼是智能合約？參觀區塊鏈與以太坊！

11.1 本章學習影片 QR Code

介紹智能合約

參觀以太鏈與區塊鏈

智能合約是一種可以讓你避免有中間人介入的合約。今天如果你想要簽約買車、買房子，都需要透過仲介、業務銷售員等第三方人員，不僅有風險，還要酌收一些服務費。智能合約是運用區塊鏈的優點——去中心化、能夠撰寫程式這兩項優點。

如果今天要買一台 100 萬元的車子，那你要透過區塊鏈支付 100 萬元，並且收到有付錢的證據，這個證據連同約定好要交車鑰匙的日期會保存在虛擬合約中。如果車鑰匙沒有按時間到達，則這筆錢會退還給你。如果按時給你鑰匙，則這筆錢便會交到對方手中，完成交易。之所以安全是因為放在區塊鏈的交易記錄是大家都看得到的，雙方不能否認，因此這份合約有許多見證人，相對更有公信力。

這種可以進行像合約一樣簽約的想法，是由一位美國的密碼學家兼計算機科學家 Nick Szabo，在 1994 年時提出的。後續也發現這樣的合約機制也能用在金融服務、買賣簽約、法律程序……等，前途無量！

接著一起來總結一下智能合約的重點。

11.2 智能合約的功用

可以在沒有第三方介入的狀況下進行透明、公正、公開且不會有衝突的交易，而且可以交換金錢、房屋、車子、股票……等任何有價值的物品！

11.3 智能合約的優點

- 安全，因為有密碼，不會有不見弄丟的問題。
- 省時間，可以避免進行一些文書操作與整理的時間。
- 環保，省紙又避免弄丟毀損。

11.4 智能合約的缺點

- 要會寫程式，因為是要給電腦去判斷，因此要會寫程式，但程式並非所有人都會寫，有些公司可能需要再另外花錢去聘請會寫程式的人進行智能合約的撰寫（但有些公司在訂立白紙黑字的合約時，也會請專業人士，所以我覺得其實差不多）。
- 程式有時候會不小心寫錯，因為寫到區塊鏈上就不可再更改，因此如果程式中有錯誤的話可能要再重新上傳（可是原本白紙黑字的合約如果有錯字，也要重新寫啊，所以好像又差不多惹 XD）。

- 法律尚未成熟，現在法規中還沒有一套完整的法條去規範智能合約，或許還要再等幾年。

11.5 參觀以太坊

那我們就實際去看一看區塊鏈與以太坊吧！

STEP 1 進入以太坊官網（https://etherscan.io/）。

▲ 圖 11-1 以太坊官網 QR Code

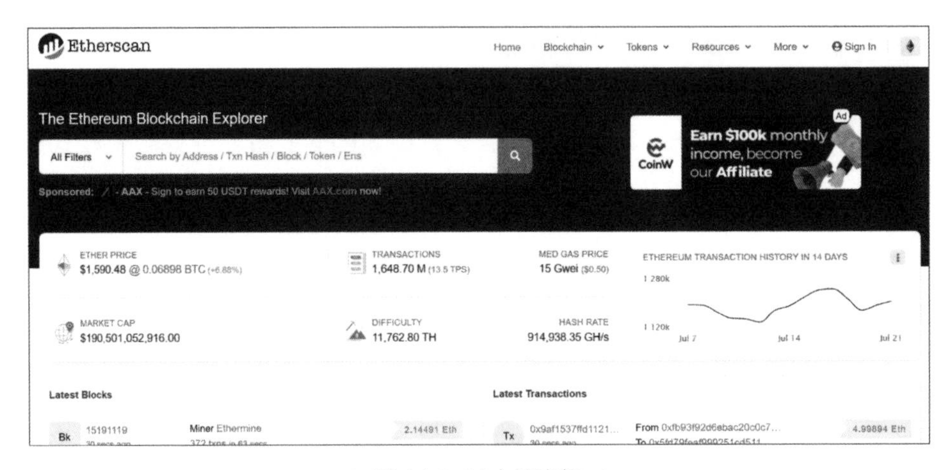

▲ 圖 11-2 以太坊官網 -1

這頁是以太坊官網的首頁，會詳細記錄現在的價值以及每一筆的交易，讓我們點進去看一下！

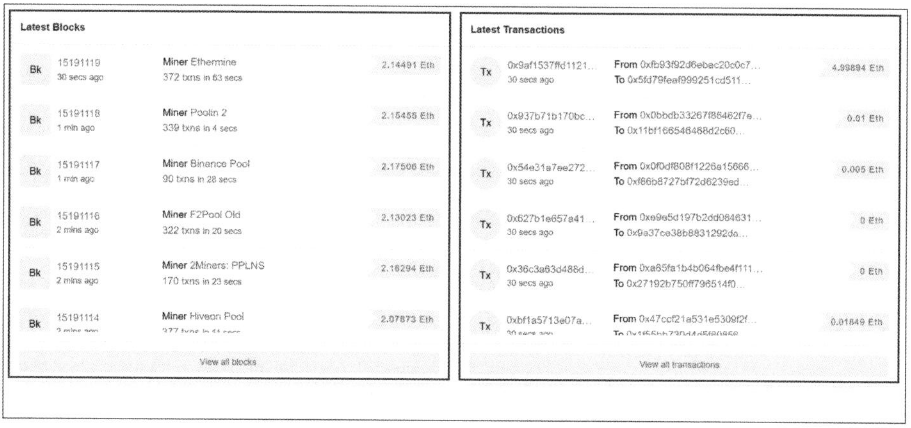

▲ 圖 11-3 以太坊官網 -2

在圖 11-3 中，右邊的區塊顯示著當下最後完成的一筆交易，可見在一分鐘內就有非常多筆交易完成。而且會詳細記錄著由誰向誰購買，合約會一清二楚地記錄著一切，而且具有不可竄改性，因此沒有辦法進行更改。左邊的區塊則是顯示當下最後形成的區塊，一樣也會把成立的時間與各項細節詳細記錄。接著我們點進去看看吧！

STEP 2 隨機點一個交易。

Featured: Build Precise & Reliable Apps with FTMScan APIs. Learn More!

Overview State Comments

Transaction Hash:	0x9af1537ffd1121f41015d72b95c4d4bb1627f0219e274e93ce9cb7b28ef7a17c
Status:	Success
Block:	15191119 11363 Block Confirmations
Timestamp:	1 day 17 hrs ago (Jul-22-2022 07:54:25 AM +UTC)
From:	0xfb93f92d6ebac20c0c71acc852188f2e40ca3dc2
To:	0x5fd79feaf999251cd511bd42a4886f03b694d3db
Value:	4.998941765796639 Ether ($7,791.25)
Transaction Fee:	0.000296657480826 Ether ($0.46)
Gas Price:	0.000000014126546706 Ether (14.126546706 Gwei)

▲ 圖 11-4 以太坊詳細交易資料

在圖 11-4 裡，我們隨機點進去一個最近完成的一筆交易中，我們可以看到它清楚記錄著 Hash、儲存在哪一個 Block（區塊）、交易形成的 Timestamp（時間節點）、由誰向誰交易以及 Gas 價錢。

STEP 3 隨機搜尋一個區塊。

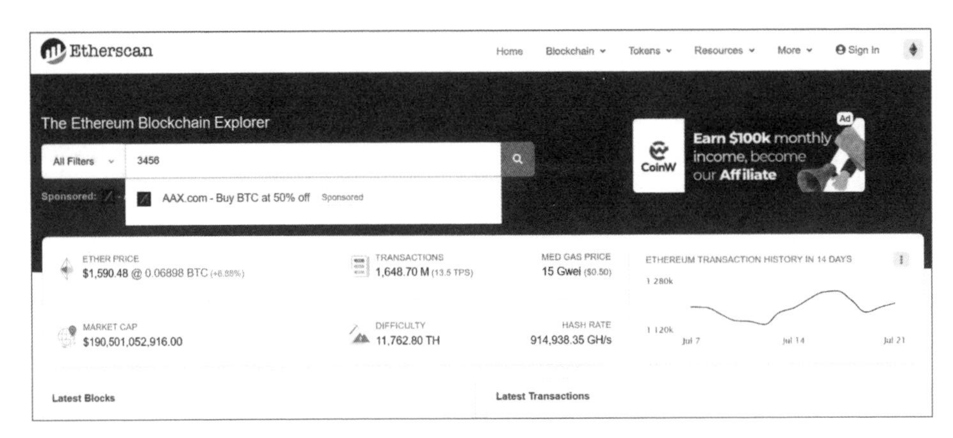

▲ 圖 11-5 在以太坊隨機搜尋一個區塊 -1

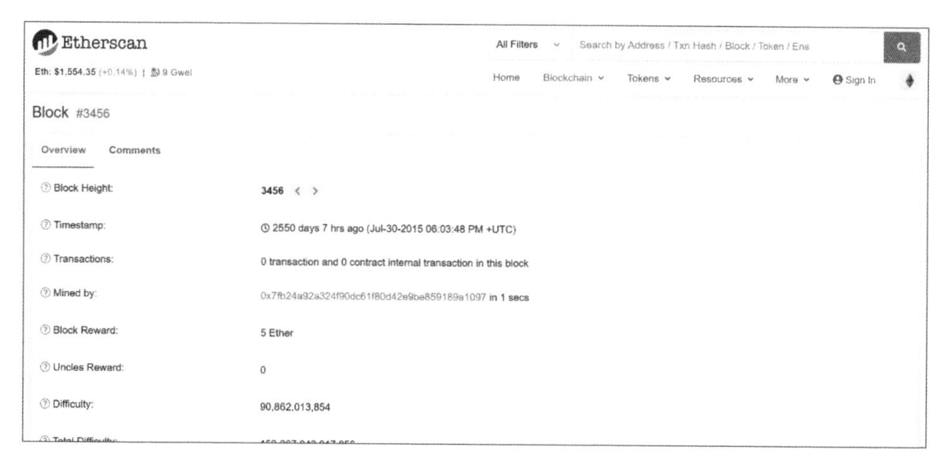

▲ 圖 11-6 在以太坊隨機搜尋一個區塊的詳細資料 -2

在 11-6 我們可以看到我隨機搜尋了一筆 Block Height 的資料，上面會顯示區塊形成的時間節點，像是這個區塊就是在 2015 年形成的區塊。

Size:	541 bytes
Gas Used:	0 (0.00%)
Gas Limit:	5,000
Extra Data:	Geth/v1.0.0/windows/go1.4.2 (Hex:0x476574682f76312e302e302f77696e646f77732f676f312e342e32)
Ether Price:	N/A
Hash:	0x1ac8954a447195efd4818fea896a7fdae572e3ac6d611fffdde64e17b29ccc3b
Parent Hash:	0xfe07ab2df9fce45756035d370af8ec7b2033ef48f48047ab821922dbf0ff7489
Sha3Uncles:	0x1dcc4de8dec75d7aab85b567b6ccd41ad312451b948a7413f0a142fd40d49347
StateRoot:	0xd99598eae96a57f2ff2eb241fab5c1428de8794f23110b0e6d4438100fa85e1d
Nonce:	0xa6329fa7d65cb669

Click to see less ↑

▲ 圖 11-7 在以太坊隨機搜尋一個區塊的詳細資料 -3

圖 11-7 是圖 11-6 的延續，我們往下滑之後，可以看到 Hash 以及 Parent Hash，而 Parent Hash 是前一個區塊的 Hash 值，在這裡因為我搜尋的是 3456，因此它的 Parent Hash 便是 3455 的 Hash 值。

11.6 參觀區塊鏈

STEP 1 進入區塊鏈官網（https://www.blockchain.com/）。

▲ 圖 11-8 區塊鏈官網 QR Code

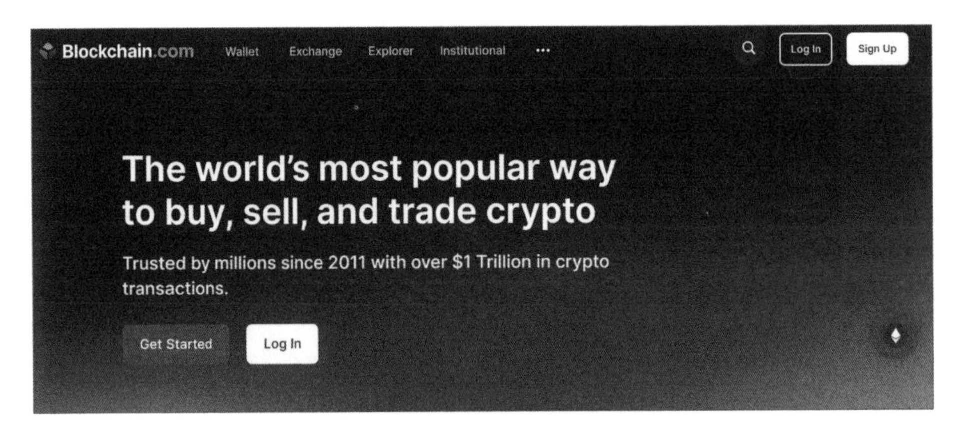

▲ 圖 11-9 區塊鏈官網

STEP 2 點擊 Explorer。

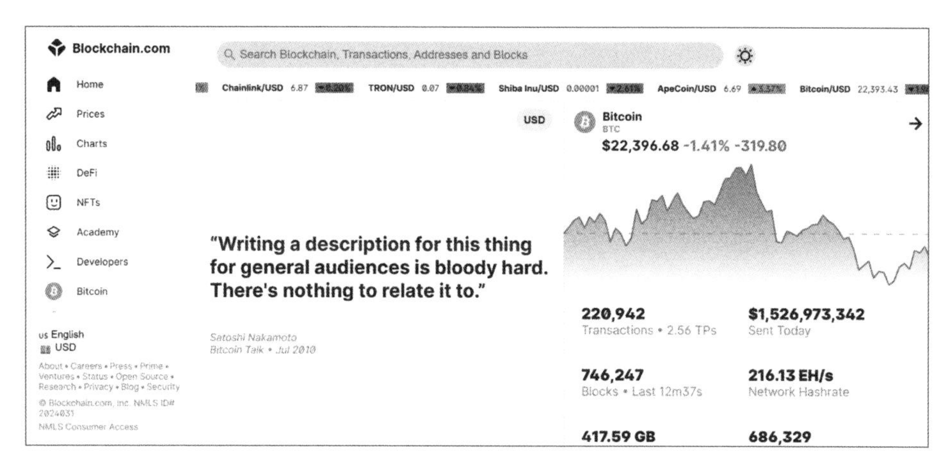

▲ 圖 11-10 區塊鏈 Explorer 頁面 -1

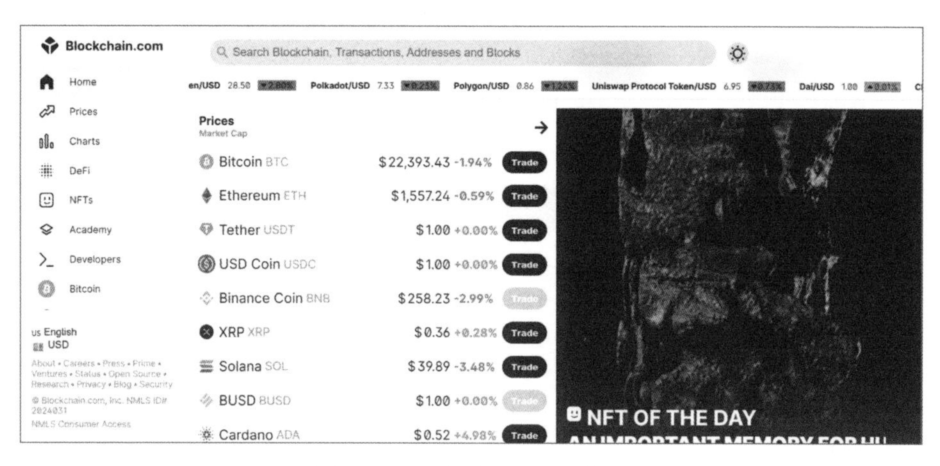

▲ 圖 11-11 區塊鏈 Explorer 頁面 -2

在圖 11-11 中，我們可以看到在圖 11-10 往下滑之後，這裡有許多幣別，可以選擇你想要交易的幣別。

Blockchain.com

Search Blockchain, Transactions, Addresses and Blocks

Home / Prices / Charts / DeFi / NFTs / Academy / Developers / Bitcoin

Chainlink/USD 6.87 ▼0.20% TRON/USD 0.07 ▼0.84% Shiba Inu/USD 0.00001 ▼2.61% ApeCoin/USD 6.69 ▲3.37% Bitcoin/USD 22,393.43

Latest Transactions Bitcoin

Hash	Time	Amount (BTC)	Amount (USD)
ae8d6—8601f	10:21:13	0.02680194 BTC	$600.27
e19ef—c50fc	10:21:13	0.01340097 BTC	$300.14
4cc2e—50fb0	10:21:13	0.75800019 BTC	$16,976.69
85f36—a2f21	10:21:11	0.40258270 BTC	$9,016.52
527b2—26d05	10:21:11	0.00104575 BTC	$23.42
8ae9f—703c5	10:21:11	0.00486150 BTC	$108.88
85aa9—a82cb	10:21:11	1,743.57340780 BTC	$39,050,255
17cee—f5bb4	10:21:11	0.00249967 BTC	$55.98
df741—eb9c7	10:21:11	0.67005621 BTC	$15,007.03

Latest Blocks Bitcoin

Block	Time	Fullness	Txs
746,246	12m51s ago	117.2% Full	1,445 Txs
746,245	26m35s ago	10.6% Full	250 Txs
746,244	28m34s ago	87.7% Full	1,858 Txs
746,243	46m12s ago	34.8% Full	285 Txs
746,242	46m37s ago	146.2% Full	3,011 Txs
746,241	1h19m46s ago	11.8% Full	226 Txs
746,240	1h21m39s ago	10.1% Full	194 Txs
746,239	1h23m24s ago	153.9% Full	2,131 Txs
746,238	1h43m51s ago	146.4% Full	2,497 Txs

us English
USD
About • Careers • Press • Prime • Ventures • Status • Open Source • Research • Privacy • Blog • Security
© Blockchain.com, Inc. NMLS ID# 2024031
NMLS Consumer Access

▲ 圖 11-12 區塊鏈 Explorer 頁面 -3

圖 11-12 則和前面以太坊官網有點類似，這裡右邊的區塊裡顯示的是最近形成的 Blocks（區塊），左邊則是最近形成的一筆 Transaction（交易），一樣會在這裡記錄地非常清楚。

STEP 3 隨機點一筆交易。

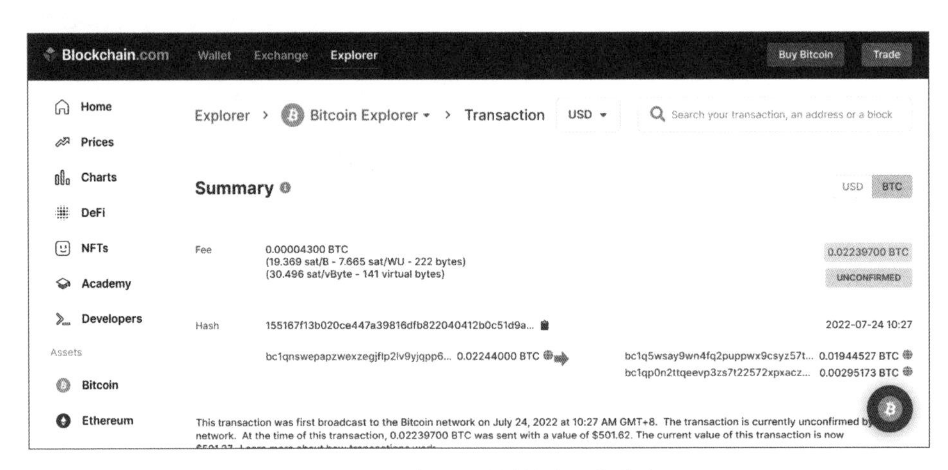

▲ 圖 11-13 隨機點入區塊鏈其中一筆的交易頁面

在圖 11-13 我們可以看到它也清楚記錄這筆交易由誰賣給誰、多少錢。

STEP 4 隨機搜尋一個區塊。

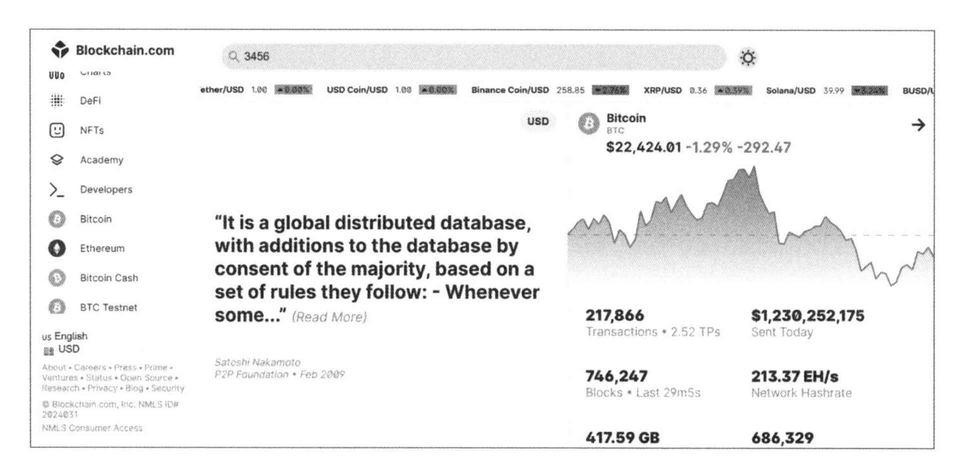

▲ 圖 11-14 隨機搜尋一個區塊

STEP 5 記得點選 BTC，第二個 ETH 則是以太幣。

Blockchain.com Wallet Exchange Explorer Buy Bitcoin Trade

Explorer › Bitcoin Explorer › Search USD

Prices

Charts

DeFi

NFTs

Academy

Developers

Assets

Bitcoin

Ethereum

Bitcoin Cash

All Blockchains Search

There are 3 blockchains with result(s) to your search 3456 :

BTC Block

ETH Block

BCH Block

▲ 圖 11-15 點選 BTC

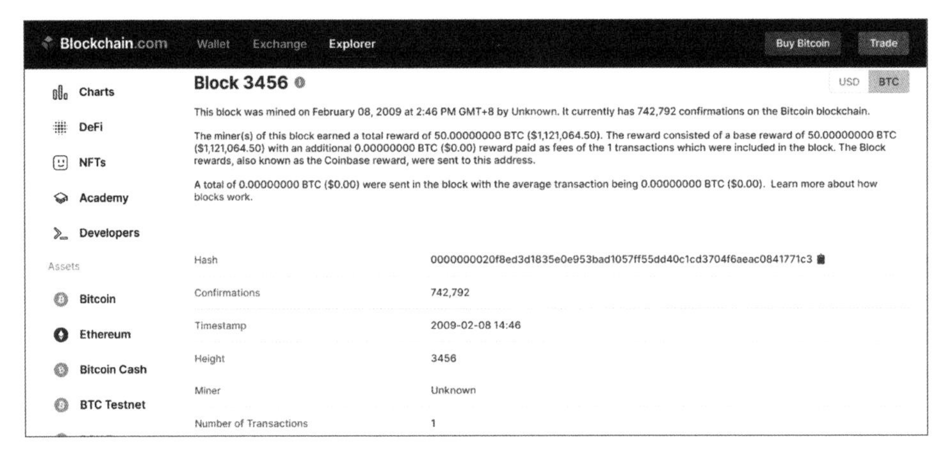

▲ 圖 11-16 在區塊鏈隨機搜尋一個區塊的詳細資料

在圖 11-16 一樣可以看到他們詳細記錄著這個區塊的詳細資料以及 Hash 值。

Q&A Time

1. 在智能合約中，合約狀態的任何更改都會儲存在區塊鏈上？
2. __________ 允許在以太坊區塊鏈中執行代碼，同時也增強比特幣區塊鏈的基本價值轉移能力。
3. Parent Hash 是 __________ 的 Hash 值。

1. O
2. 智能合約
3. 前一個區塊

筆者語錄

在寫書的時候，想了蠻久才想到要如何用簡單、白話的方式讓大家理解智能合約，因為自己在學的時候也覺得蠻抽象的，希望今天的講解有幫助大家更了解！

參考來源

1. What are Smart Contracts?
   https://blockgeeks.com/guides/smart-contracts/
2. Introduction to Smart Contracts
   https://docs.soliditylang.org/en/develop/introduction-to-smart-contracts.html
3. 區塊鏈官網
   https://www.blockchain.com/
4. 以太坊官網
   https://etherscan.io/

Note

CHAPTER

12

區塊鏈加密方式大解密！

12.1 本章學習影片 QR Code

加密方式

本章要介紹的主題是加密方式。在區塊鏈中，加密是很重要的主題，因此本章會分享幾種不一樣的加密方式。

資料在傳上網路之後，因為網路是公開的，所以會有被竊取的疑慮，這時候加密就變成一件很重要的事情。有些學校會將這個主題單獨開成一門「密碼學」課程，因為加密方式真的有很多種也很複雜，如果有興趣也可以找相關課程來學習。為了讓資料在儲存與傳輸的過程中不要被竊取，所以用蠻複雜且難破解的「非對稱式加密」來加密。以下就來談談幾種不同的加密方式吧！

12.2 加密方法百百種

為了讓資料不被竊取，因此產生了許多種的加密方式。這些方式與原理是公開大家都知道的，但是加密的鑰匙則是私密的，才能保護資料。在開始說明這些加密方式以前，有幾個原理要先和大家說明。

首先，先來認識一下明文、密文的定義：

- 明文（Plaintext）：未被加密的文字。
- 密文（Cypertext）：加密後的文字。

而密碼學主要的分類可以分成兩種：對稱式加密以及不對稱式加密，後面也會將這兩類的加密方式詳細介紹。**對稱式加密與非對稱式加密都屬於可逆加密**！

密碼學必須包含以下這些特性：

- 機密性（Confidentiality）：要確保這封信件只有被允許的身分才能看見內容。
- 完整性（Integrity）：要確保這封信件在途中沒有被其他人竄改過內容。
- 身分認證（Authentication）：要先驗證是否為收件人才能開啟，傳送的人也必須驗證身分。
- 不可否認性（Non-Reputation）：一切都有記錄下來，因此有不可否認性。

12.3 對稱式加密

對稱式加密（Symmetric Key）顧名思義就是在鎖門以及開門的這兩步驟中，使用的是同一把鑰匙，像是日常中家裡的鑰匙、汽車的鑰匙等等，都是使用同一把鑰匙進行鎖門與開門，因此可以將他們想像成對稱式加密。請參考下方的簡單示意圖。

▲ 圖 12-1 對稱式加密示意圖

在圖 12-1 中，Alice 想要寄信給 Bob，但她不想給別人看到內容，因此使用了一把粉色鑰匙進行加密。接著 Bob 在要打開信封時，也使用同一把粉色鑰匙打開。這樣加密與解密使用同一把鑰匙，就叫做「對稱式加密」。因為 Alice 將信件鎖起來並寄給 Bob，以及 Bob 收到信件要打開時，他們都是使用同一把鑰匙。但這樣比較危險，萬一今天不小心鑰匙外流，被有心人士撿到，有心人士只要攔截到信封後就能打開了。

這種使用同一把鑰匙進行加密與解密的就是對稱式加密。

「凱薩密碼」便是很重要的一種單字母替代式對稱式加密，「維吉尼亞密碼」則是很重要的多字母替代式對稱式加密。

12.4 凱薩密碼

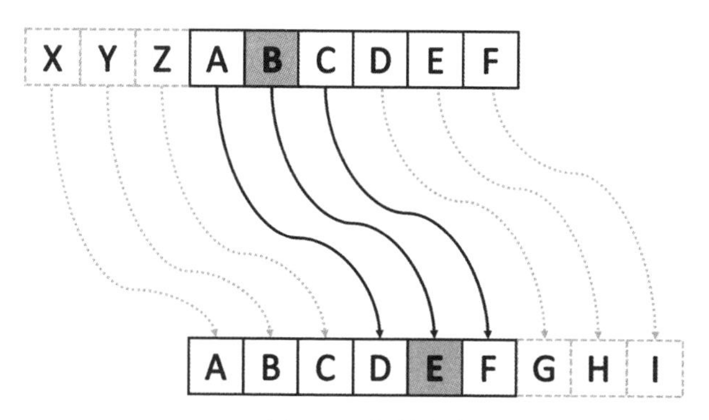

▲ 圖 12-2 凱薩加密

凱薩密碼（Caesar Cipher）是替換式的對稱式加密，每個字母用下一個英文字母或是下 n 個字母來進行替換。而 n 就是加密的金鑰，但是萬一今天被別人知道 n 是多少，那麼有心人士就有辦法回推，並取得明文內容。

12.4.1 舉例

例如 n=3，也就是將明文往後推三個字母會變成密文。

明文：help

密文：khos

這裡附上凱薩加密的線上工具：

http://www.atoolbox.net/Tool.php?Id=778。

▲ 圖 12-3 凱薩加密線上工具

12.5 維吉尼亞密碼

前面的凱薩密碼中，密鑰會是位移的量，而維吉尼亞密碼（Vigenère Cipher）則是根據下面這張圖表來進行加密。

	A	B	C	D	E	F	G	H	I	J	K	L	M	N	O	P	Q	R	S	T	U	V	W	X	Y	Z
A	A	B	C	D	E	F	G	H	I	J	K	L	M	N	O	P	Q	R	S	T	U	V	W	X	Y	Z
B	B	C	D	E	F	G	H	I	J	K	L	M	N	O	P	Q	R	S	T	U	V	W	X	Y	Z	A
C	C	D	E	F	G	H	I	J	K	L	M	N	O	P	Q	R	S	T	U	V	W	X	Y	Z	A	B
D	D	E	F	G	H	I	J	K	L	M	N	O	P	Q	R	S	T	U	V	W	X	Y	Z	A	B	C
E	E	F	G	H	I	J	K	L	M	N	O	P	Q	R	S	T	U	V	W	X	Y	Z	A	B	C	D
F	F	G	H	I	J	K	L	M	N	O	P	Q	R	S	T	U	V	W	X	Y	Z	A	B	C	D	E
G	G	H	I	J	K	L	M	N	O	P	Q	R	S	T	U	V	W	X	Y	Z	A	B	C	D	E	F
H	H	I	J	K	L	M	N	O	P	Q	R	S	T	U	V	W	X	Y	Z	A	B	C	D	E	F	G
I	I	J	K	L	M	N	O	P	Q	R	S	T	U	V	W	X	Y	Z	A	B	C	D	E	F	G	H
J	J	K	L	M	N	O	P	Q	R	S	T	U	V	W	X	Y	Z	A	B	C	D	E	F	G	H	I
K	K	L	M	N	O	P	Q	R	S	T	U	V	W	X	Y	Z	A	B	C	D	E	F	G	H	I	J
L	L	M	N	O	P	Q	R	S	T	U	V	W	X	Y	Z	A	B	C	D	E	F	G	H	I	J	K
M	M	N	O	P	Q	R	S	T	U	V	W	X	Y	Z	A	B	C	D	E	F	G	H	I	J	K	L
N	N	O	P	Q	R	S	T	U	V	W	X	Y	Z	A	B	C	D	E	F	G	H	I	J	K	L	M
O	O	P	Q	R	S	T	U	V	W	X	Y	Z	A	B	C	D	E	F	G	H	I	J	K	L	M	N
P	P	Q	R	S	T	U	V	W	X	Y	Z	A	B	C	D	E	F	G	H	I	J	K	L	M	N	O
Q	Q	R	S	T	U	V	W	X	Y	Z	A	B	C	D	E	F	G	H	I	J	K	L	M	N	O	P
R	R	S	T	U	V	W	X	Y	Z	A	B	C	D	E	F	G	H	I	J	K	L	M	N	O	P	Q
S	S	T	U	V	W	X	Y	Z	A	B	C	D	E	F	G	H	I	J	K	L	M	N	O	P	Q	R
T	T	U	V	W	X	Y	Z	A	B	C	D	E	F	G	H	I	J	K	L	M	N	O	P	Q	R	S
U	U	V	W	X	Y	Z	A	B	C	D	E	F	G	H	I	J	K	L	M	N	O	P	Q	R	S	T
V	V	W	X	Y	Z	A	B	C	D	E	F	G	H	I	J	K	L	M	N	O	P	Q	R	S	T	U
W	W	X	Y	Z	A	B	C	D	E	F	G	H	I	J	K	L	M	N	O	P	Q	R	S	T	U	V
X	X	Y	Z	A	B	C	D	E	F	G	H	I	J	K	L	M	N	O	P	Q	R	S	T	U	V	W
Y	Y	Z	A	B	C	D	E	F	G	H	I	J	K	L	M	N	O	P	Q	R	S	T	U	V	W	X
Z	Z	A	B	C	D	E	F	G	H	I	J	K	L	M	N	O	P	Q	R	S	T	U	V	W	X	Y

▲ 圖 12-4 維吉尼亞密碼加密表

維吉尼亞的密鑰會是一串英文字母，在加密時把明文對到 X 軸的值，密鑰對到 Y 軸的值，所對應到的英文字母才是密文的值。

12.5.1 舉例

明文：help

密鑰：cute

將 h 放在 x 軸、c 放在 y 軸後，會發現對應到 j，所以 j 是密文表現的第一個字母。

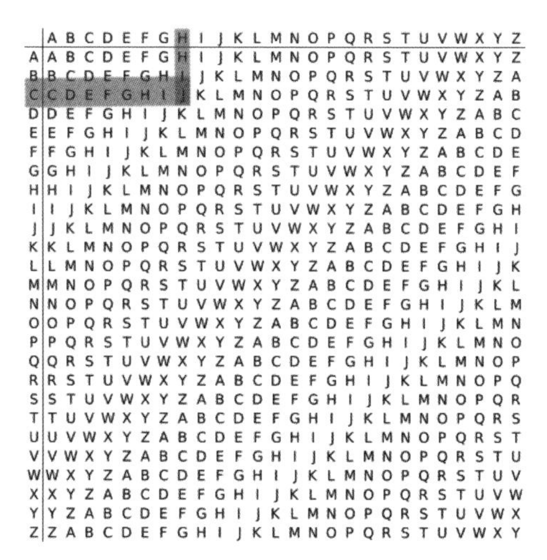

	A	B	C	D	E	F	G	H	I	J	K	L	M	N	O	P	Q	R	S	T	U	V	W	X	Y	Z
A	A	B	C	D	E	F	G	H	I	J	K	L	M	N	O	P	Q	R	S	T	U	V	W	X	Y	Z
B	B	C	D	E	F	G	H	I	J	K	L	M	N	O	P	Q	R	S	T	U	V	W	X	Y	Z	A
C	C	D	E	F	G	H	I	J	K	L	M	N	O	P	Q	R	S	T	U	V	W	X	Y	Z	A	B
D	D	E	F	G	H	I	J	K	L	M	N	O	P	Q	R	S	T	U	V	W	X	Y	Z	A	B	C
E	E	F	G	H	I	J	K	L	M	N	O	P	Q	R	S	T	U	V	W	X	Y	Z	A	B	C	D
F	F	G	H	I	J	K	L	M	N	O	P	Q	R	S	T	U	V	W	X	Y	Z	A	B	C	D	E
G	G	H	I	J	K	L	M	N	O	P	Q	R	S	T	U	V	W	X	Y	Z	A	B	C	D	E	F
H	H	I	J	K	L	M	N	O	P	Q	R	S	T	U	V	W	X	Y	Z	A	B	C	D	E	F	G
I	I	J	K	L	M	N	O	P	Q	R	S	T	U	V	W	X	Y	Z	A	B	C	D	E	F	G	H
J	J	K	L	M	N	O	P	Q	R	S	T	U	V	W	X	Y	Z	A	B	C	D	E	F	G	H	I
K	K	L	M	N	O	P	Q	R	S	T	U	V	W	X	Y	Z	A	B	C	D	E	F	G	H	I	J
L	L	M	N	O	P	Q	R	S	T	U	V	W	X	Y	Z	A	B	C	D	E	F	G	H	I	J	K
M	M	N	O	P	Q	R	S	T	U	V	W	X	Y	Z	A	B	C	D	E	F	G	H	I	J	K	L
N	N	O	P	Q	R	S	T	U	V	W	X	Y	Z	A	B	C	D	E	F	G	H	I	J	K	L	M
O	O	P	Q	R	S	T	U	V	W	X	Y	Z	A	B	C	D	E	F	G	H	I	J	K	L	M	N
P	P	Q	R	S	T	U	V	W	X	Y	Z	A	B	C	D	E	F	G	H	I	J	K	L	M	N	O
Q	Q	R	S	T	U	V	W	X	Y	Z	A	B	C	D	E	F	G	H	I	J	K	L	M	N	O	P
R	R	S	T	U	V	W	X	Y	Z	A	B	C	D	E	F	G	H	I	J	K	L	M	N	O	P	Q
S	S	T	U	V	W	X	Y	Z	A	B	C	D	E	F	G	H	I	J	K	L	M	N	O	P	Q	R
T	T	U	V	W	X	Y	Z	A	B	C	D	E	F	G	H	I	J	K	L	M	N	O	P	Q	R	S
U	U	V	W	X	Y	Z	A	B	C	D	E	F	G	H	I	J	K	L	M	N	O	P	Q	R	S	T
V	V	W	X	Y	Z	A	B	C	D	E	F	G	H	I	J	K	L	M	N	O	P	Q	R	S	T	U
W	W	X	Y	Z	A	B	C	D	E	F	G	H	I	J	K	L	M	N	O	P	Q	R	S	T	U	V
X	X	Y	Z	A	B	C	D	E	F	G	H	I	J	K	L	M	N	O	P	Q	R	S	T	U	V	W
Y	Y	Z	A	B	C	D	E	F	G	H	I	J	K	L	M	N	O	P	Q	R	S	T	U	V	W	X
Z	Z	A	B	C	D	E	F	G	H	I	J	K	L	M	N	O	P	Q	R	S	T	U	V	W	X	Y

▲ 圖 12-5 使用維吉尼亞密碼進行加密

密文 =jyet

這裡附上維吉尼亞加密的線上工具：http://www.metools.info/code/c71.html。

▲ 圖 12-6 維吉尼亞加密線上工具

12.6 非對稱式加密

在介紹**非對稱式加密**（Public Key）的原理之前，要先了解一些名詞。

公鑰（Public Key）：就是大家都可以知道的鑰匙。
私鑰（Private Key）：就是私人的鑰匙。

而每個人都會有這兩把鑰匙。公鑰的功能就是拿來加密，私鑰則是拿來解密。私鑰還有另外一個功能，就是當作簽章使用，因為是個人的私密鑰匙，因此可以讓收件者確認是本人簽名！進行數位簽章也有幾個好處，像是簽名後便不能否認了，可以當作身分認證使用，也可以用來確認資料的完整性。

Alice 也想要寄一封信給 Bob，一樣不想給其他人看到，但因為害怕信在傳輸的過程中，偷偷被網路駭客劫持走，因此在這次的加密中，分別給 Alice 與 Bob 一人一支私鑰以及一支公鑰。

▲ 圖 12-7 非對稱式加密示意圖

非對稱式加密步驟：

STEP 1 Alice 先用自己的粉色**私鑰**進行加密（圖左 1），也就是數位簽章（讀者可以想像成在文件上簽名）。

STEP 2 Alice 再用 Bob 的**公鑰**進行加密，然後寄出（圖左 2）。

STEP 3 當 Bob 收到時，首先要先用 Alice 的**公鑰**進行驗證，以確認是 Alice 寄的（圖右 1）。

STEP 4 Bob 再用自己的**私鑰**將文件打開（圖右 2）。

因為駭客只會擁有兩人的公鑰，因此無論如何都無法將信件打開。雖然非對稱式加密更複雜，但也相對安全！要切記「公鑰加密，私鑰解密；私鑰加密，公鑰解密」。

筆者語錄

本章的各種加密方式其實是我之前參加許多比賽時所學到的，而非對稱式加密是我在修醫學資訊概論時學到的。這些都是很經典的加密方式，希望大家可以了解它的原理，會很不一樣的！

參考來源

1. 凱薩密碼

   http://www.atoolbox.net/Tool.php?Id=778

2. 維吉尼亞密碼
http://www.metools.info/code/c71.html

3. What is Public-key Cryptography?
https://www.globalsign.com/en/ssl-information-center/what-is-public-key-cryptography

4. asymmetric cryptography (public key cryptography)
https://www.techtarget.com/searchsecurity/definition/asymmetric-cryptography

5. Elliptic Curve Cryptography: A Basic Introduction
https://blog.boot.dev/cryptography/elliptic-curve-cryptography/

CHAPTER

13

圖解雜湊（Hash）原理

13.1 本章學習影片 QR Code

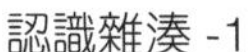
認識雜湊 -1

認識雜湊 -2

我第一次聽到 Hash 一詞，是在資料結構的課堂中。因為它是資料結構很重要的基本概念，同時也廣泛運用在區塊鏈儲存加密資料中。所以本章的內容也會分成兩大部分，第一部分會介紹什麼是 Hash，第二部分會談到 Hash 現在被廣泛運用的地方。

13.2 什麼是 Hash ？

將一筆資料重新表示成一個數值，這個數值就是「雜湊值」(Hash)。例如以下：

```
1   Int hash(一筆資料) {return 一個數值;}
```

而 Hash 的中文有些人會說「哈希」(沒錯，就是英文直翻)。在資料庫中，Hash 的用意是讓資料在資料庫中更容易檢索以及查詢。而在密碼學中，

Hash 則是負責進行加密，以利儲存資料時能夠讓資料不被盜取。雜湊表（Hash Table）是靜態表格（Statis Table）的一種。

Hashing 雜湊法，就是將原本的數值經由一些複雜的數學函數，轉換成相對應的值，而這個數學函數就稱為「雜湊函數」(Hashing Function)。

這邊再介紹三個在資料結構中很重要的簡單名詞：

- **溢位**（Overflow）：在儲存資料中，對應到的位置已經有資料了，就是溢位。
- **碰撞**（Collision）：當兩個不同的資料在經過雜湊函數運算後，卻得到相同的值，就叫做碰撞。
- **完美雜湊**（Perfect Hashing）：這個雜湊沒有溢位也沒有產生碰撞，完美！

那以下就來做一個範例。當雜湊函數 f(x)=5x+4，請分別計算下列幾筆數值所對應的雜湊值。

當 x 為 87、65、54 時，所對應的雜湊值為：

f(87) = 587+4 = 439

f(65) = 565+4 = 329

f(54) = 5*54+4 = 274

13.3 Hash 的廣泛應用

這裡分享一個我當初參加「資安女婕思」比賽時，針對加密方法所提出的想法。

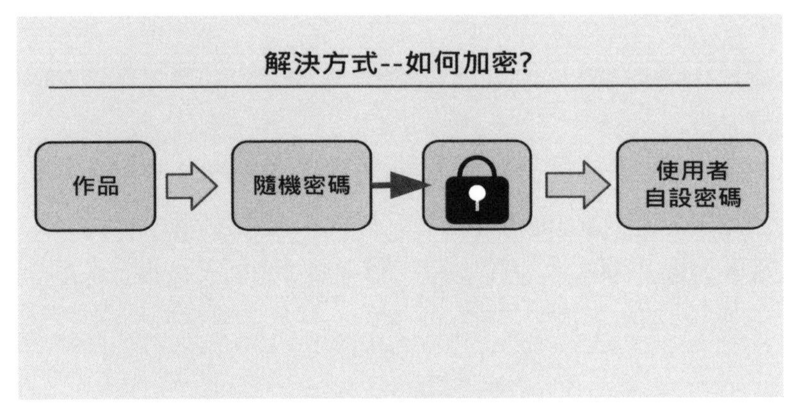

▲ 圖 13-1 如何加密

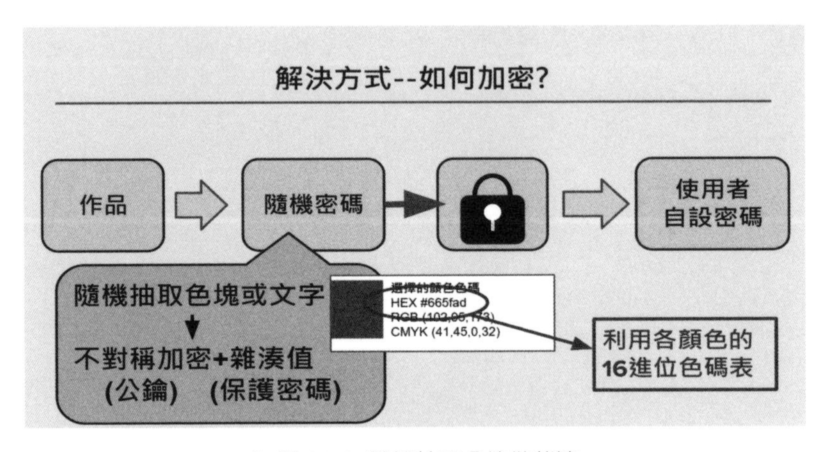

▲ 圖 13-2 隨機抽取色塊做雜湊

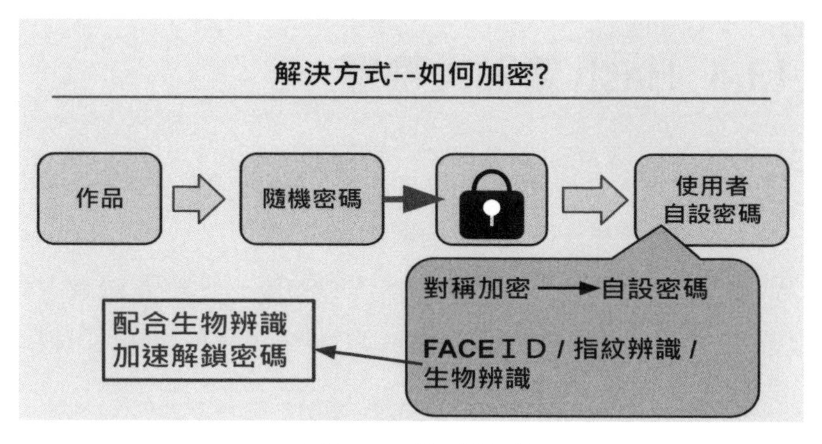

▲ 圖 13-3 第二道加密

利用照片隨機抽取一小格畫素的 16 進位色碼表當作一組密碼（不對稱式加密），密碼會被雜湊保護，所以裡面的不對稱式加密有兩層保護。再利用對稱式加密的方式使自己能夠製作一組第一層密碼，配合臉部辨識與指紋辨識系統，使每個人都有不同的對稱密碼，也不會被輕易被盜取，而且可以避免使用者忘記密碼。若檔案為文字，文字轉數字，也用雜湊去保護密碼。

我們原本是打算這樣保護，真的很像放在區塊鏈的保護方式，但我學到雜湊的應用是在儲存電子病歷，畢竟這是很私密的東西，不能隨意竄改，也不允許資料外流。如果用類似的方式存照片，那照片是不是也一樣能夠受到非常安全又縝密的保護呢！

13.4 Hash 重點大整理

- 不能讓任何人從 Hash 導出原本的值，Hash 函數應該要是單向的，就像你不能用果汁做出水果的概念。
- 要確保每個 Hash 值只能對應到一個原始值，不能因為很像就有一樣的 Hash 產生，就像 test 跟 Test 的 Hash 值不能一樣（要讓機率降到最低）。

另外在 Hash 的計算中，有分成簡單 Hash（Simple Hash）以及 Tree，當我們今天要進行 Hash 的項目數量是固定的，則使用簡單 Hash。如果今天要進行 Hash 的項目數量不固定時，則用樹狀結構來進行計算。

現在最常見的 Hash 大小是 256 位元，常用函數是 SHA-256 和 Keccak。SHA 是 Secure Hash Algorithm 的縮寫。

- MD 5：它會產生一個 128 位的 Hash。
- SHA 1：生成 160 位 Hash。
- SHA 256：生成 256 位 Hash，目前正在被比特幣使用。
- Keccak-256：生成 256 位 Hash，目前被以太坊使用。

SHA 加密演算法的安全性會比 MD5 高。

13.5 區塊分成 Head&Body

13.5.1 區塊的頭部（Head）

以下是在 Head 會出現的東西：

- 版本號。
- 時間戳（Timestamp）。
- **Difficulty Target**：代表這個區塊的 Proof of Work 的困難值。（難度係數越大，目標值越小）
- 前一個區塊的 **Hash**。
- **Nonce**：表示 Proof of Work 的執行次數。
- **Merkle Root Hash**：記錄目前區塊裡經由 Merkle Tree 演算法算出來的 Merkle Tree Root 的 Hash 值。

13.5.2 區塊的身體（Body）

以下是 Body 會出現的東西。

- 實際數據。

Tips

這邊附上一個可以 Demo Hash 的網站，可以玩玩看。

SHA256 Hash Demo：https://andersbrownworth.com/blockchain/hash。

▲ 圖 13-4 Hash Demo

筆者語錄

本章的內容可能有點小複雜，但一定要記得有些東西不學不會怎樣，但學了會很不一樣！

參考來源

1. What Is Hashing? [Step-by-Step Guide-Under Hood Of Blockchain]
   https://blockgeeks.com/guides/what-is-hashing/

2. What Is Hashing? [Step-by-Step Guide-Under Hood Of Blockchain]
   https://blockgeeks.com/guides/what-is-hashing/

3. 圖解資料結構：使用 Java（第三版）
   https://www.books.com.tw/products/0010787519?gclid=Cj0KCQjw18WKBhCUARIsAFiW7JwY20ZDt-4leJ_zlazqxniPDQcY4mCv5g5QpiDJlnxQtWD-_OcLlW4aAqKjEALw_wcB

Note

CHAPTER

14

你知道醫療也能與區塊鏈結合嗎？

在開始介紹醫療區塊鏈之前，先補充一些醫療上雲端的基礎知識，因為我本身是讀醫療相關科系，因此在學校上課也會接觸到這些觀念，就不藏私地和讀者一起分享！

14.1 三種雲端服務

這裡會分享三種雲端服務的形式，分別是 SaaS、PaaS 和 IaaS。

14.1.1 SaaS

SaaS 軟體即服務（Software as a Service），也就是軟體以服務形式提供。軟體的廠商會將軟體架在具有高度延展性的雲端基礎設施上，使用者只要透過瀏覽器即可使用。這也是我們每天最常接觸的一種雲端服務，網頁中有雲端服務、手機也有雲端服務。通常提供分層訂閱的模式，避免一次付清以及購買到不會用到的軟體。分層訂閱的好處是用多少付多少，例如：電子郵件、Microsoft Office 365。

14.1.2 PaaS

PaaS 平台即服務（Platform as a Service），提供平台的服務，供應商提供平台給用戶，讓用戶在其平台上使用程式進行開發，也可以購買應用程式部屬到雲端架構。就像作業系統或虛擬伺服器一樣，提供一個平台讓你進行各種運作。

14.1.3 IaaS

IaaS 基礎設施即服務（Infrastructure as a Service），提供基礎設施，像是運算、儲存、網路、硬體設備，讓用戶可以直接使用這些硬體設備而不需要了解背後的架構與維護。就像租用整個辦公室一樣，提供軟體伺服器與硬體設備。

如果要用簡易的例子比喻三種不同的服務，我們可以用飲料店的例子來講解。今天如果你想喝一杯珍珠奶茶，SaaS 就像是直接去飲料店買一杯珍奶來喝，PaaS 就像你打電話叫外送，你只要在家等待就好，IaaS 則是去超市買紅茶與牛奶，自己 DIY 製作珍珠奶茶。

14.2 四種雲端運算部署

14.2.1 公有雲（Public Cloud）

公開給客戶使用的，可以透過網路或第三方供應者提供，並且公有雲具有彈性與成本效益。

14.2.2 私有雲（Private Cloud）

由企業自行建置建立的，具有隱私性只有企業內部可以使用，公有雲與私有雲的差別在於私有雲的資料與程序是在企業內部管理。

14.2.3 社群雲（Community Cloud）

由一群有相同理念、相同目標、相同利益的群體所擁有與管理，只有該社群的人才能使用雲端資料以及掌控應用程式，他們可能有相同的安全要求。

14.2.4 混合雲（Hybrid Cloud）

結合公有雲與私有雲各自的優點所創造出來的，透過標準技術讓資料與應用程式可以更具有可攜性。

14.3 醫療區塊鏈

其實在看醫生的過程，後台會經過非常複雜的手續，有非常多的資料與文件要跑，此外也要很小心謹慎不能出差錯，避免遇到拿錯藥或輸入錯誤等狀況而變得更加麻煩，這也是為什麼去醫院做 PCR 篩檢要等一天，轉診、理賠保險資料也要等的原因。以下會先說明舊有的醫療制度，再談談未來趨勢。

14.3.1 舊有的醫療背景

1. 病歷侷限於單間醫院，無法跨院或共享，藥品使用記錄也並非所有醫生都看得到，不確定開的藥是否會有衝突。
2. 申請保險時要在醫院與保險公司兩邊來回領取資料，非常耗費時間、精力。

14.3.2 現在的醫療背景

1. 病歷電子化正在慢慢普及中，醫療檢查的結果（例如：X光檢查結果、核磁共振結果）可以跨院共享，不用因為去不同間醫院而必須做好幾次X光、核磁共振等檢查。這樣一來就能省去醫療資源的耗費，也為病人減少諸多麻煩。
2. 健保快易通，這是一個健保 APP，可以在此 APP 上看到自己的 PCR 結果，以及就醫、用藥記錄。隨著疫情也加速了健保快易通的進步，除了看得到自己的用藥記錄與就醫記錄，也能看到疫情的篩檢結果以及線上視訊看診，也可以註冊虛擬健保卡。看得到用藥記錄的好處是醫生也看得到你的用藥記錄，開藥時可以避免與你目前正在服用的藥有衝突。

14.3.3 如果把病歷放上區塊鏈

有機會讓區塊鏈的各項特質套用到病歷上，例如不可竄改性，可以避免病歷被竄改，原本病歷都是採集中式資料庫管理，但是區塊鏈屬於分散式資料庫，如何在分散式資料庫中管理，同時又保障病人隱私？這時加密與身分認證就變得非常重要。資料在運送時要進行非對稱式加密，而加密則用電子簽章的方式進行身分驗證。現今醫生都可以在線上對病歷進行電子簽章，可以確保病歷是由醫生進行驗證的，因為區塊鏈的不可竄改性，因此可以避免電子病歷被竄改。上鏈後最大的好處是資料的共享、保險理賠資料、以及各種通知書、同意書將會變得更有效率，提升病患的看診體驗。

名人語錄

「如果我們想取得重大、突破性的改變，就必須改變我們常規的思維模式。」

—— Stephen Covey，《與成功有約》作者

關於醫療與區塊鏈的應用與結合，現在有非常多的創新團隊都在研究中，醫療資訊的共享平台，以及各種資訊整合平台也十分具有創新性，讓醫療不再只停留在醫院。

筆者語錄

看完這麼多內容後，是否覺得給人保守白色巨塔刻板印象的醫療，因為這幾年疫情影響加上科技不斷進步，也一直都走在創新、與科技結合的路上呢！

參考來源

1. 不只是加密貨幣，區塊鏈在醫療領域大有作為
https://nai500.com/zh-hant/blog/2021/12/%E4%B8%8D%E5%8F%AA%E6%98%AF%E5%8A%A0%E5%AF%86%E8%B2%A8%E5%B9%A3%E5%8D%80%E5%A1%8A%E9%8F%88%E5%9C%A8%E9%86%A

B%E7%99%82%E9%A0%98%E5%9F%9F%E5%A4%A7%E6%9C%89%E4%BD%9C%E7%82%BA/

2. 【黃冠凱專欄】從廠商合作 淺談台灣醫療區塊鏈應用
https://www.digitimes.com.tw/iot/article.asp?cat=158&cat1=20&cat2=15&id=0000593162_on10jrrw7ggftc1d9z64n

3. 智慧醫療 + 區塊鏈創新應用趨勢
https://www.trademag.org.tw/page/newsid1/?id=7840123&iz=6

4. 系上老師教學課程資料

Note

CHAPTER

15

本篇總結 & 重點整理

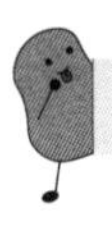

15.1 本章學習影片 QR Code

本篇總結

15.2 元宇宙

- 和現實世界並存的虛擬世界。
- 時間與現實世界是同步的現在進行式。
- 概念起初是出現在 Neal Stephenson 於 1992 年所出版的小說《雪崩》（Snow Crash）中。
- 元宇宙與虛擬實境最大的差別在於時間是否同步。

15.3 NFT

- 全文為 Non-Fungible Token，非同質化代幣。
- 不可分割、不可替代、獨一無二，賣點是它的稀缺性。

- 同質化 vs 非同質化
  - 同質化：同本質同價值，例如：比特幣。
  - 非同質化：不同本質不同價值，例如：NFT。

15.4 元宇宙與 NFT 運作方式

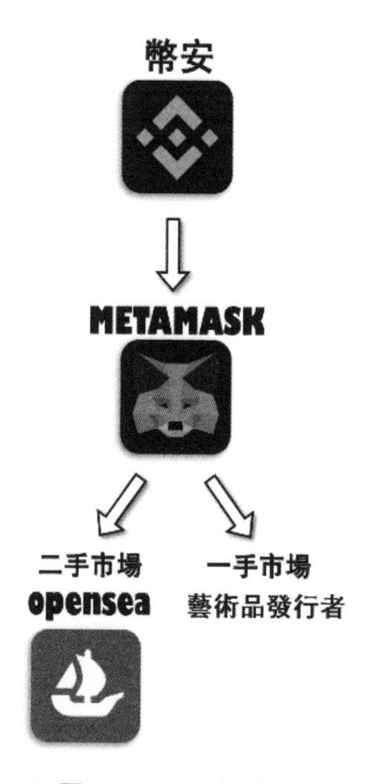

▲ 圖 15-1 NFT 運作方式

15.4.1 ERC-20 vs ERC-721

- ERC-20
  主要是針對一般的同質化代幣（例如：以太幣 ETH）的標準協議。同時 ERC-20 標準協議也會清楚記載同質化代幣的總發行量，以及制定明確的轉帳、匯款等交易功能。

- ERC-721
  是以太坊對非同質化代幣 NFT 的第一個標準協議，ERC-721 包含知識產權、身分證明、金融文書等。ERC-721 是加密貓遊戲 CryptoKitties 的 CTO Dieter Shirley 建立的。

15.4.2 元宇宙七大核心元素

- 數位經濟體系。
- 能互動的虛擬實境。
- 多重身份存在的使用者。
- 與現實世界同步進行中。
- 時間持續不間斷且有周期的進行。
- 裝置，可以透過軟體與硬體結合穿越現實與虛擬世界的媒介。
- 時時刻刻連上網路。

15.5 智能合約

15.5.1 智能合約的功用

可以在沒有第三方介入的狀況下進行透明、公正、公開且不會有衝突的交易，而且可以交換金錢、房屋、車子、股票……等任何有價值的物品！

15.5.2 智能合約的優點

1. 安全，因為有密碼，不會有不見弄丟的問題。
2. 省時間，可以避免進行一些文書操作與整理的時間。
3. 環保，省紙又避免弄丟毀損。

15.5.3 智能合約的缺點

1. 要會寫程式，因為是要給電腦去判斷，因此要會寫程式，但程式並非所有人都會寫，有些公司可能需要再另外花錢去聘請會寫程式的人進行智能合約的撰寫（但有些公司在訂立白紙黑字的合約時，也會請專業人士，所以我覺得其實差不多）。

2. 程式有時候會不小心寫錯，因為寫到區塊鏈上就不可再更改，因此如果程式中有錯誤的話可能要再重新上傳（可是原本白紙黑字的合約如果有錯字，也要重新寫啊，所以好像又差不多惹 XD）。

3. 法律尚未成熟，現在法規中還沒有一套完整的法條去規範智能合約，或許還要再等幾年。

15.6 加密方式

15.6.1 明文 vs 密文

明文：未被加密的文字。

密文：加密後的文字。

15.6.2 對稱式加密

凱薩密碼（Caesar Cipher）：單字母替代式加密。

維吉尼亞密碼（Vigenere Cipher）：多字母替代式加密。

15.6.3 非對稱式加密

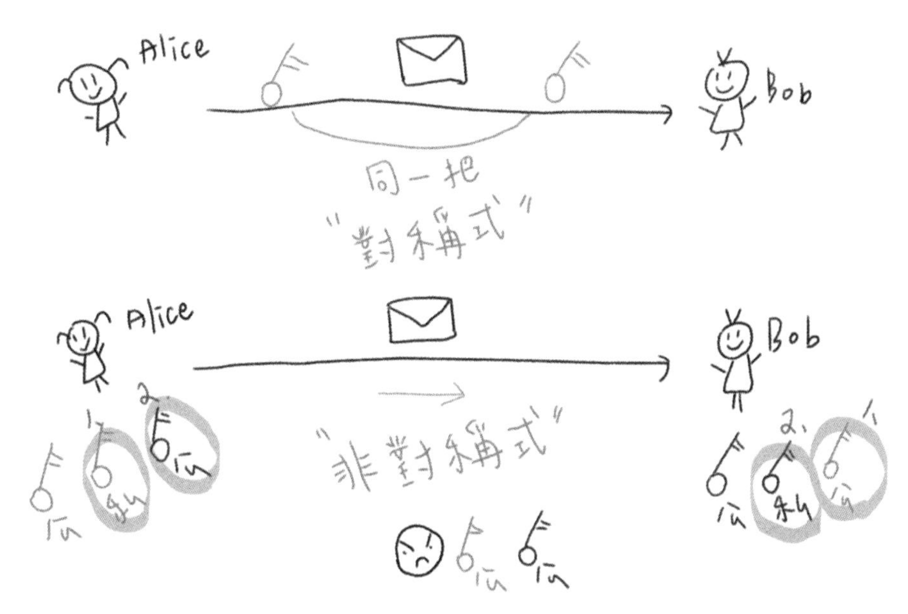

▲ 圖 15-2 對稱式加密 vs 非對稱式加密

對稱式加密與非對稱式加密都屬於可逆加密。

15.7 Hash

15.7.1 Hash 名詞解釋

- **溢位（Overflow）**：在儲存資料中，對應到的位置已經有資料了，就是溢位。
- **碰撞（Collision）**：當兩個不同的資料在經過雜湊函數運算後，卻得到相同的值，就叫做碰撞。
- **完美雜湊（Perfect Hashing）**：這個雜湊沒有溢位也沒有產生碰撞，完美！

15.7.2 Hash 重點大整理

1. 不能讓任何人從 Hash 導出原本的值，Hash 函數應該要是單向的，就像你不能用果汁做出水果的概念。

2. 要確保每個 Hash 值只能對應到一個原始值，不能因為很像就有一樣的 Hash 產生，就像 test 跟 Test 的 Hash 值不能一樣（要讓機率降到最低）。

3. MD5、SHA 為不可逆加密演算法。

15.8 醫療與區塊鏈

15.8.1 三種雲端服務

- SaaS（Software as a Service，軟體即服務）
- PaaS（Platform as a Service，平台即服務）
- IaaS（Infrastructure as a Service，基礎設施即服務）

15.8.2 四種雲端運算部署

- 公有雲（Public Cloud）
- 私有雲（Private Cloud）
- 社群雲（Community Cloud）
- 混合雲（Hybrid Cloud）

Q&A Time

1. 非對稱式加密一定要用私鑰加密嗎？
2. Hello 與 hello 因為是同樣的拼字因此會有相同的 Hash 值？
3. 對稱式加密與非對稱式加密為 ＿＿＿＿＿（可逆 / 不可逆）加密？
4. MD5、SHA 為 ＿＿＿＿＿（可逆 / 不可逆）加密？
5. Hash 可以導出原本的值？
6. 三種雲端服務分別是哪三種？哪一項涵蓋範圍最大？
7. 四種雲端部屬分別是哪四種？

答案

1. 不一定，但原理是公鑰加密就要用私鑰解密，私鑰加密就要用公鑰解密。
2. 每個 Hash 只能對應到一個原始值，因此即使同樣拼字，大小寫不一樣也會有不同的 Hash。
3. 可逆。
4. 不可逆。
5. 不可以，Hash 要是單向的。
6. SaaS、PaaS、IaaS，IaaS 涵蓋最多。
7. 公有雲、私有雲、社群雲、混合雲。

筆者語錄

堅持閱讀了兩篇辛苦了，但相信也在這兩篇中，你一定認識了許多新知識。本書後面將有更多應用，讓我們繼續堅持下去吧！

本篇的介紹就到這邊拉。我們永遠都在學習的路上一步一步成長，希望在這本書中，我們能夠一起學習一起成長！明天記得繼續回來看下一章，簡單的事情一直堅持，也會變得很不一樣！

PART 3

區塊鏈列車加速通行：實際動手勝於空談

經過前面兩篇的理論與實作，相信大家對區塊鏈、元宇宙、NFT、加密方式都有一定的認識了！在本篇的章節中，我們會直接進行實作的教學，畢竟行動勝於空談，那就廢話不多說，一起動手吧！

CHAPTER

16

工欲善其事必先利其器：虛擬機環境安裝教學

16.1 本章學習影片 QR Code

虛擬機環境安裝

在這個章節要教大家如何安裝虛擬機！不管未來要做什麼，其實安裝虛擬機這件事，都是一個蠻值得學會的事，建議你可以安裝到自己電腦的軟體。筆者在第一章介紹的 Buffalo of University 線上課程，課程的最後一個程式作業，就是需要用到虛擬機去執行的。另外，學校也可能有一些報告或作業，有可能會需要安裝虛擬機。多學無壞處，因此還是學會如何安裝比較好。

16.2 虛擬機介紹

「虛擬機」就是在自己的電腦裡再安裝一套、甚至更多的作業系統，讓你在執行一些系統測試之類的事情，比如資料庫建置、一些程式測試等等，不僅不會影響到原本的工作環境，如果不小心失誤也能夠避免直接傷害到自己的電腦。

因為當初我很擔心自己的電腦安裝虛擬機會安裝不好，導致沒辦法使用，所以我先在學校用有裝還原卡的電腦測試了很多次，確定自己完全熟悉如何安裝之後，才安裝到自己電腦。因此我決定將安裝虛擬機教學獨立做成一章，帶大家一起安裝！

本書要安裝的虛擬機，可以算是市面上最多人使用的 —— Virtual Box。

16.3 安裝虛擬機

STEP 1 前往 Virtual Box 官網（https://www.virtualbox.org/）。

▲ 圖 16-1 Virtual Box 官網

▲ 圖 16-2 Virtual Box 官網

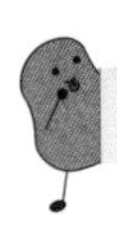

STEP 2 點選「Download Virtual Box」鈕，進行下載。

接著我們將圖 16-2 頁面中最大的按鈕「Download Virtual Box 6.1」按下去，就會進到圖 16-3 的頁面。

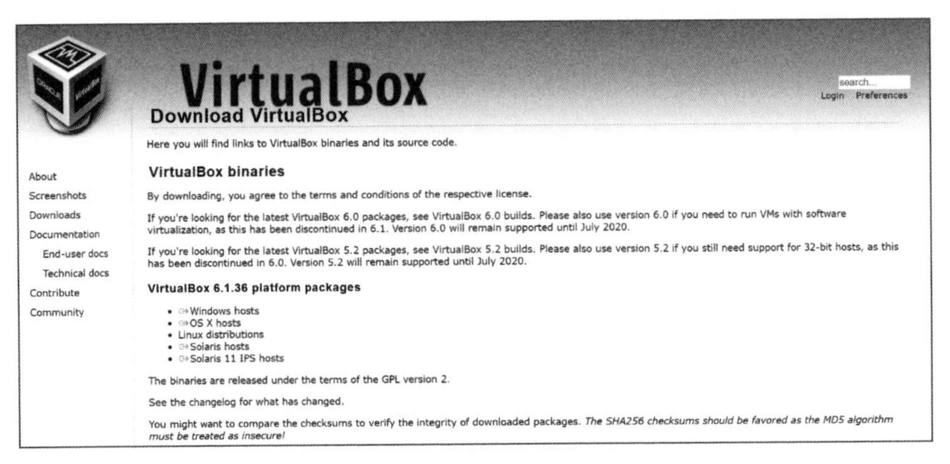

▲ 圖 16-3 在 Virtual Box 頁面中，選擇自己作業系統的套件

在圖 16-3 中，我們要點選適合自己作業系統的安裝套件來進行下載。我這邊會選擇「Windows hosts」作為示範。之後會出現一個 Download 的檔案，慢慢等它下載完之後點開。

STEP 3 安裝精靈。

等檔案下載完之後將它點開，會出現如圖 16-4 的安裝精靈視窗，點擊「下一步」。

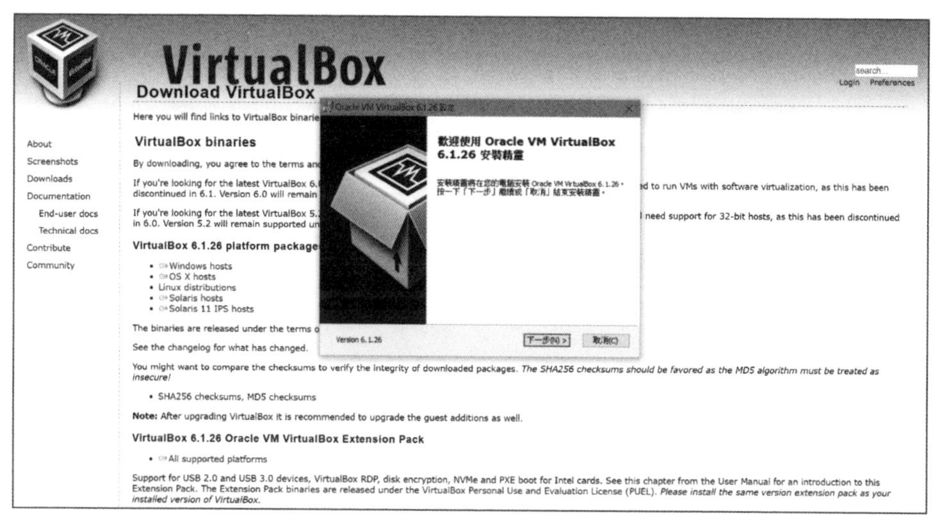

▲ 圖 16-4 按下下載好的檔案後出現安裝精靈

STEP 4 繼續按視窗中的下一步，進入圖 16-5 自訂安裝。

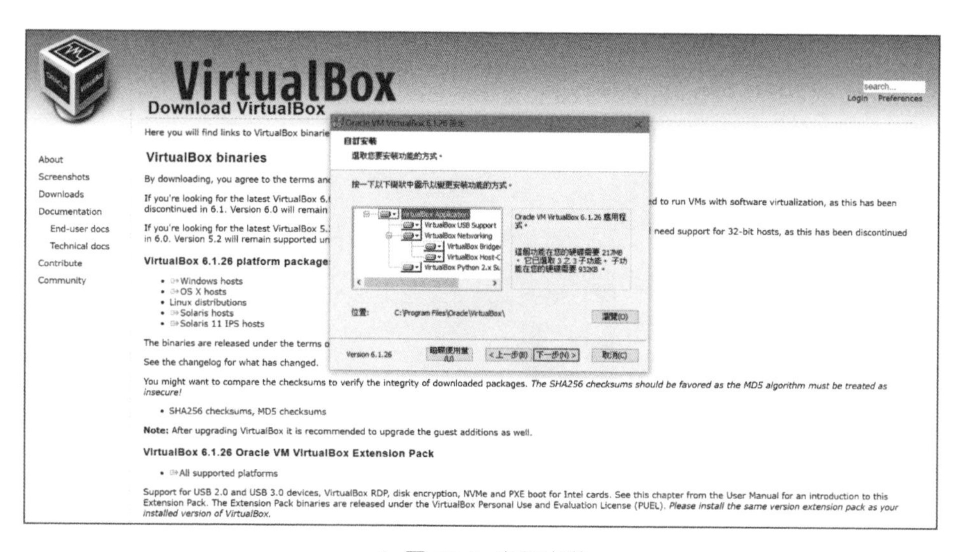

▲ 圖 16-5 自訂安裝

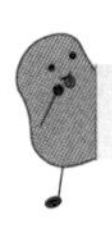

STEP 5 按下一步進入圖 16-6，勾選完要安裝的選項之後，進入圖 16-7（這邊筆者是全部勾選起來的，選項分別是：建立功能表項目、在桌面建立捷徑、在快速啟動列建立捷徑、註冊檔案關聯）。

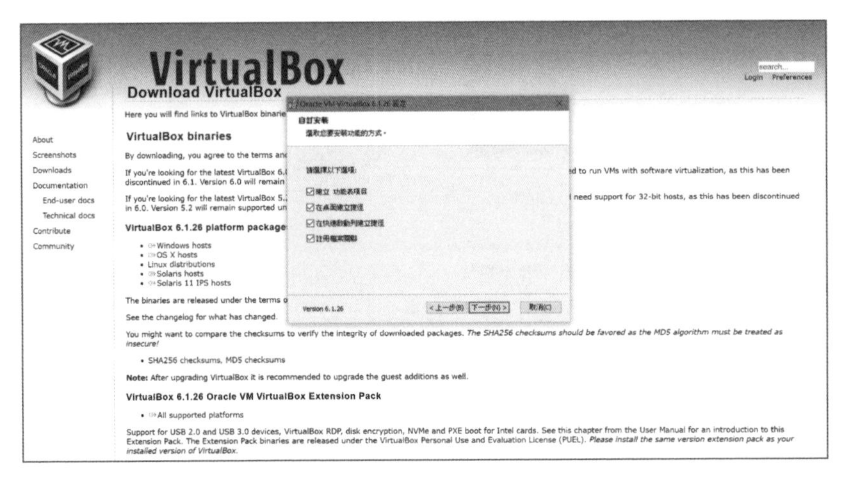

▲ 圖 16-6 勾選項目後，按「下一步」

STEP 6 按「是」進入圖 16-8 確定安裝。

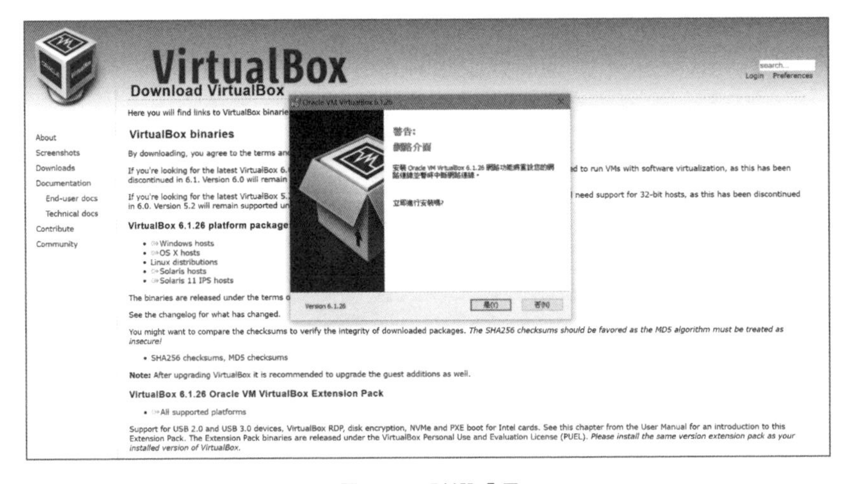

▲ 圖 16-7 點選「是」

STEP 7 點擊「安裝」。

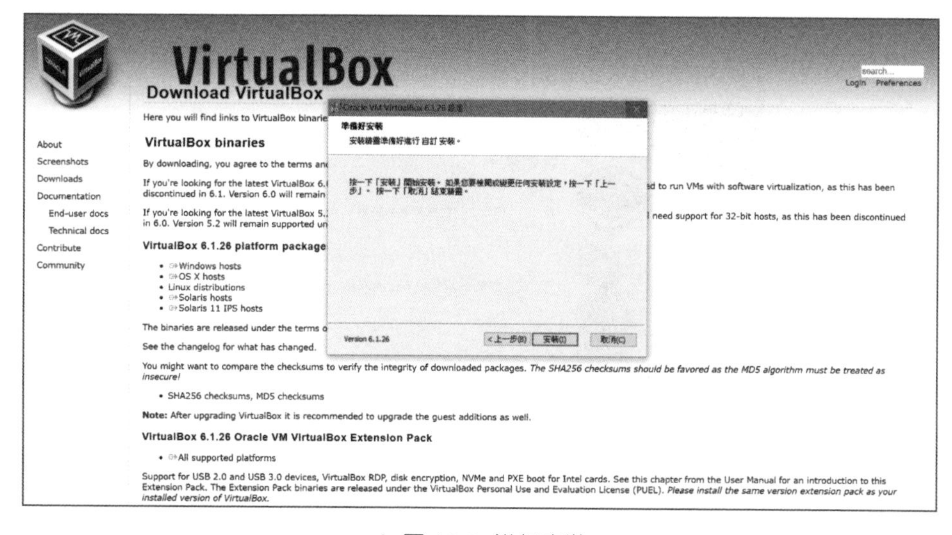

▲ 圖 16-8 進行安裝

STEP 8 在虛擬機在下載的時候，會跑出圖 16-9 的視窗，這時候要點選安裝並讓它繼續下載完。

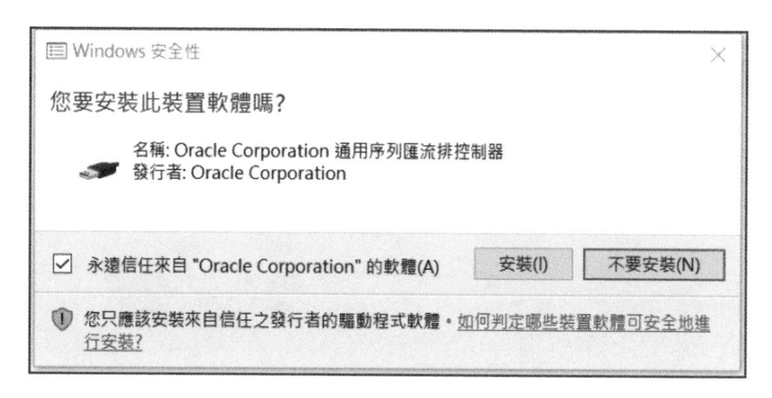

▲ 圖 16-9 安全性視窗

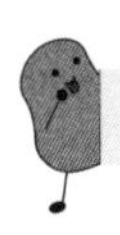

最後等它跑完後就會出現如圖 16-10 一樣跑完的畫面了！按「完成」之後就要準備大功告成了！

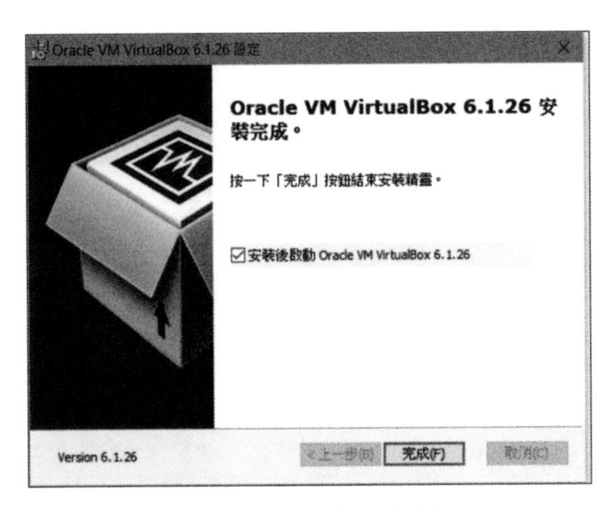

▲ 圖 16-10 安裝完成視窗

最後打開 Virtual Box 後，會看到圖 16-11 之畫面，這就代表你成功安裝完虛擬機了。恭喜！

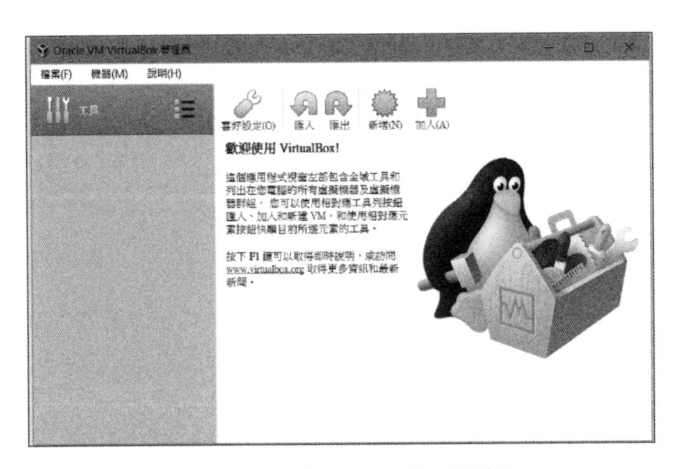

▲ 圖 16-11 Virtual Box 管理員畫面

Tips

安裝完後，讀者也可以嘗試安裝不同的作業系統在虛擬機裡面。

筆者語錄

如果讀者也很擔心裝錯的話，也可以先到有裝還原卡的電腦嘗試看看。希望讀者都能抱著充滿好奇心的精神，嘗試這本書裡的每一個實作單元！

參考來源

1. Oracle 資料庫學習實務：OCE 國際證照精熟學習教材，幸輝玆，2015，碁峰資訊

Note

CHAPTER

17

認識 Merkle Tree

17.1 本章學習影片 QR Code

▲ 認識 Merkle Tree-1

▲ 認識 Merkle Tree-2

在本章裡，我會將這個章節分成四個部分，分別是介紹 Merkle Tree 以及各種待會會用到的名詞、實際看 Merkle Tree、如何建立 Merkle Tree、如何用 Merkle Tree 檢索。

17.2 什麼是 Merkle Tree ？

Merkle Tree 是一種用來表示 Hash 值的樹狀結構。它的基本結構就是 Binary Tree（二元樹），每一個中間節點（Node），都會被標示一個 Hash 值。由於 Merkle Tree 的發明人是 Ralph Merkle，當然這就是這個資料結構的名稱由來。

17.3 為何不直接用 Simple Hash 就好？

因為 Merkle Tree 在檢索與驗證的過程中，能夠比 Simple Hash 花費更少的時間與空間，在後面會實際檢索給大家看！

在介紹圖 17-1 之前，有幾個名詞要先和大家說：

1. **葉節點**：在二元樹中，這個節點底下沒有任何小孩（子節點）的，就叫做葉節點。像樹上的葉子一樣，不會再生出樹枝。而下面會有一排區塊，那每一塊都是一筆交易數據，他們分別進行 Hash 運算後，得到的 Hash 值就是葉節點。

2. **中間節點**：就是上有父母、下有子孫的節點。在葉、子節點兩兩匹配之後，會再進行一次 Hash 運算，得到的 Hash，就是對應的中間節點，也可以說是過程節點。

3. **根節點**：只有一個，就像樹根一樣，是所有中間節點的合併。在 Merkle Tree 裡面叫做 Merkle Root，這是終止節點。

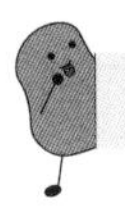

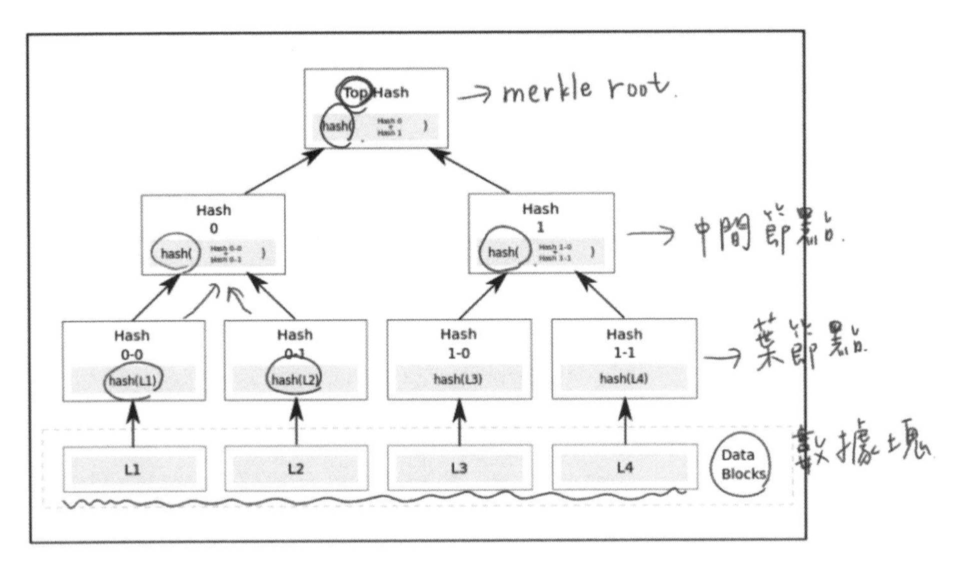

▲ 圖 17-1 Merkle Tree 圖片
（圖片來源：維基百科）

17.4 實作一棵 Merkle Tree

這邊我們會從最底層開始慢慢說明，搭配圖 17-2 一起看會更好理解。

1. 先加入五個數據塊，分別做 Hash，於是我們就會到第二層葉節點。
2. 接著再把兩個兩個一起做 Hash，於是我們又更上一層樓，來到中間節點。
3. 再把兩個兩個一起做 Hash，更上一層了，來到中間節點。
4. 最後把全部兩兩併在一起，再做一次 Hash，就是 Merkle Tree Root 了。

Merkle Tree 的複雜度是 O(n)（也就是要進行 O(n) 次 Hash 運算，n 是數據塊的大小）。得到 Merkle Tree 的樹高是 log(n)+1。

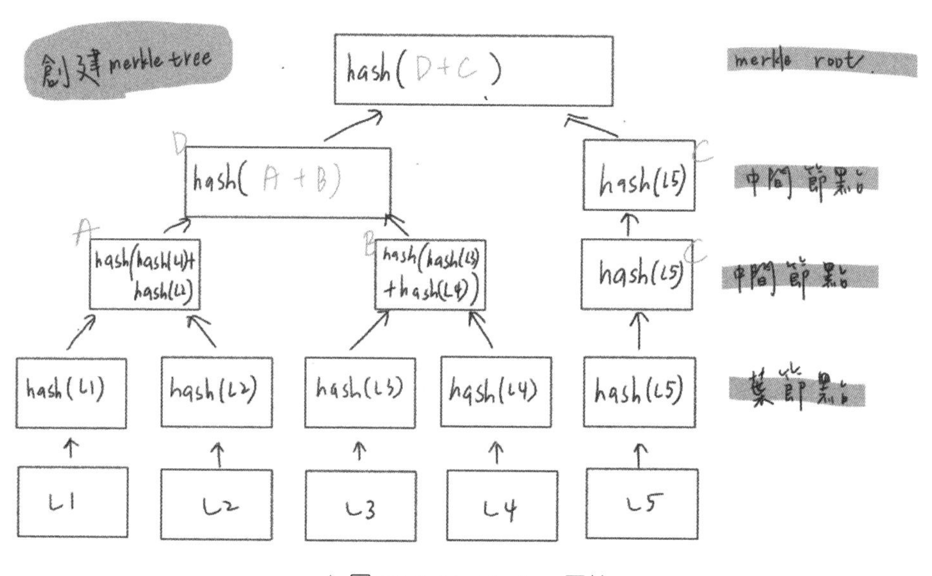

▲ 圖 17-2 Merkle Tree 圖片

17.5 用這棵 Merkle Tree 進行檢索

那我們就用剛剛這棵樹來進行檢索，會發現樹狀結構在資料很多的時候反而更吃香！因為這樣二選一可以減少許多時間與空間！

假設我們今天要比對兩堆資料中的 Hash（L4）是否一樣，那我們會從樹根開始比，再一層一層往下。要選有這個資料的那邊，直到最後就會找到了！

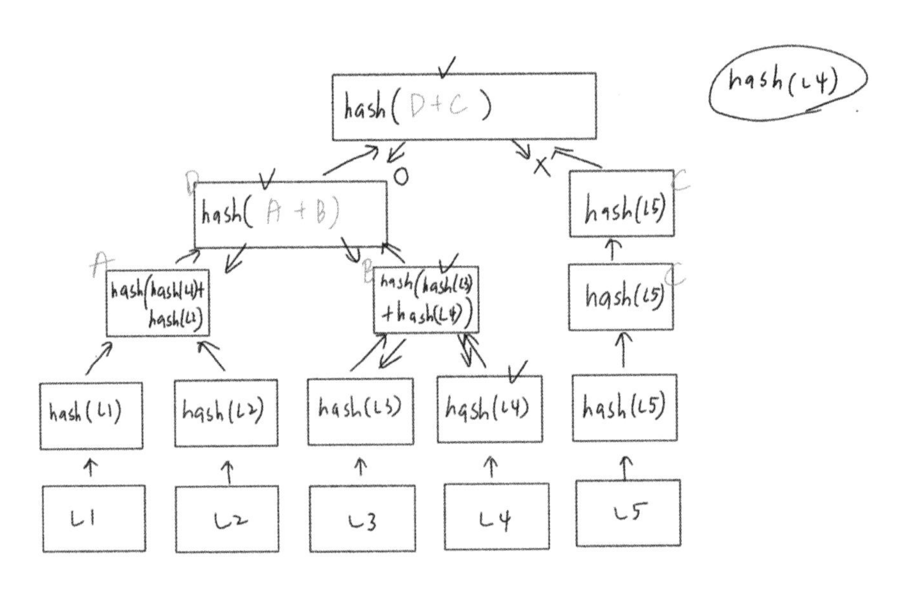

▲ 圖 17-3 Merkle Tree 圖片

筆者語錄

如果對書面的講解沒有很清楚的話，筆者幾乎會在每一章放上影片版本的 QR Code，讓讀者掃描看影片的版本唷！

參考來源

1. 圖文詳解哈希樹 -Merkle Tree（默克爾樹）算法解析
   https://www.itread01.com/articles/1487247623.html

2. 雜湊樹
   https://zh.wikipedia.org/wiki/%E5%93%88%E5%B8%8C%E6%A0%91

3. 區塊鏈 Blockchain – 創世區塊、區塊、Merkle Tree、Hash
   https://www.samsonhoi.com/274/blockchain_genesis_block_merkle_tree

Note

CHAPTER

18

認識 Gas

18.1 本章學習影片 QR Code

認識 Gas

本章要來介紹「Gas」。在這個章節裡，我們會分成四個部分，分別是介紹 Gas、Gas Limit、為什麼有時候交易要等很久、以及舉例。在閱讀完本章後你就會了解上面這些觀點了，那麼我們馬上進行介紹吧！

18.2 什麼是 Gas ？

Gas 是一個單位的名稱，只有在以太坊會出現。主要是用來分配以太坊虛擬機（EVM）的資源，單位是 gwei，可以想成是在以太坊執行交易時的成本。

Gas 本身就是 ETH 的面額，每個 gwei 等於 0.000000001 ETH。例如，與其說你的 Gas 花費 0.000000005 ether，你可以說你的 Gas 花費 5 gwei。gwei 這個詞原本的意思是「giga-wei」，等於 1,000,000,000 wei。 Wei 是以 B-money 的創始人 Wei Dai 的名字命名，Wei 是 ETH 的最小單位。

18.3 什麼是 Gas Limit ？

因為 Gas 的費用是由用戶來付錢，然後「Gas Limit」是指願意在特定交易上花費的最大量。Gas 在每筆以太坊交易的明細裡都會出現。

18.4 為什麼有時候交易要花很久的時間呢？

由於所有的用戶都在爭取區塊的空間，如果你把 Gas 費用設得太低，礦工就會不想接你的案子，他們會優先處理 Gas 較高的交易，所以你自然而然會被排到很後面，有時甚至根本不幫你完成交易並放到區塊中。你的交易可能需要花費很長一段時間等待，才有機會被處理到。你將不得不等待其他用戶願意支付的 Gas 費用下降，以便你的 Gas 費用對礦工有吸引力。

就像你今天要開車從台北到台中，那你一定要先去加足夠的油，如果你不加油，那車子就不會讓你順利抵達目的地。所以在以太坊交易時，如果 Gas 的價格過低，那礦工就有可能忽略你這筆交易。

18.5 舉例

假設 A 必須支付 B 2ETH。在交易中，Gas 限額（也就是 Gas Limit）為 21,000 單位，Gas 價格為 200 gwei。

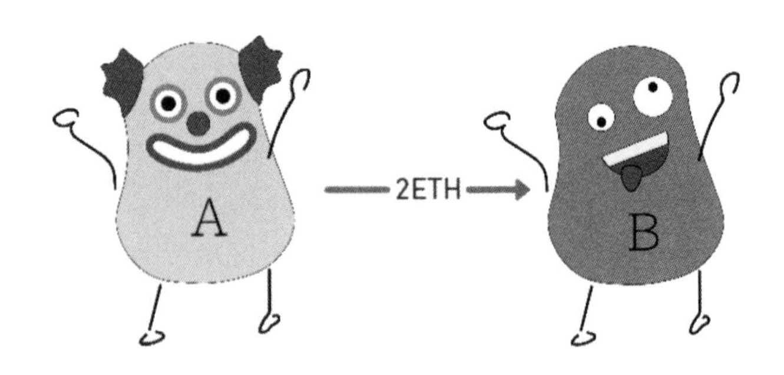

▲ 圖 18-1 A 支付給 B 2ETH

礦工費為：Gas 單位（限制）* 每單位 Gas 價格，即 21,000 * 200 = 4,200,000 gwei 或 0.0042 ETH。這就是 A 要支付給礦工的手續費。

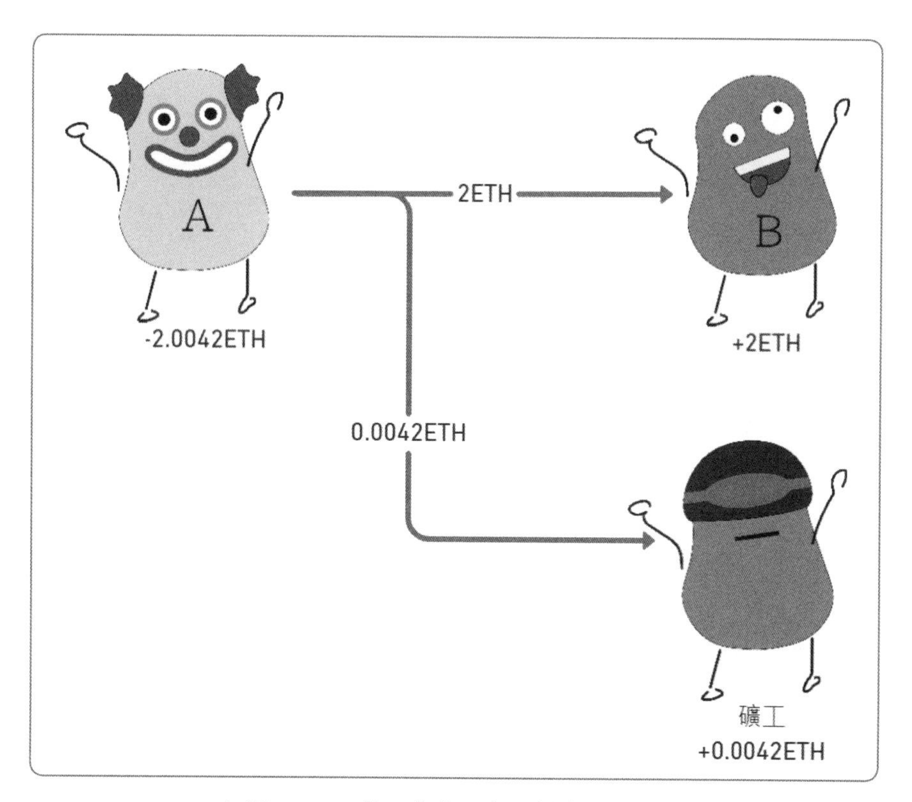

▲ 圖 18-2 A 與 B 的交易中，支付礦工手續費

當 A 匯款時，會從 A 的帳戶中扣除 2.0042 ETH。B 將被記入 2.0000 ETH。礦工將收到 0.0042 ETH。

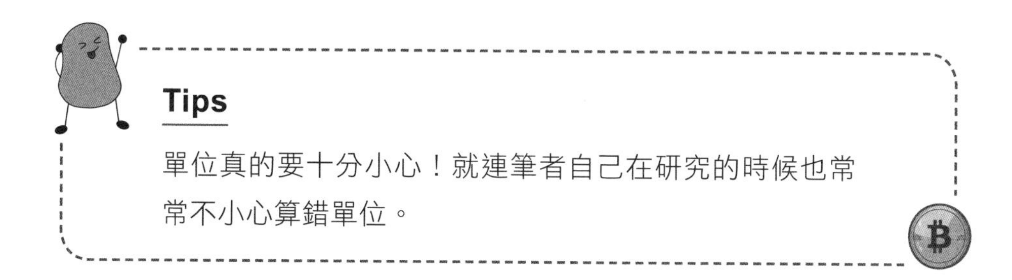

Tips

單位真的要十分小心！就連筆者自己在研究的時候也常常不小心算錯單位。

筆者語錄

恭喜讀者看完計算各種費用的一章節，有發現有一個吉祥物頻繁地出現嗎！她是小紫是這本書裡各種人物的化身，希望有她的存在能讓讀者更快的理解各種觀念！

參考來源

1. GAS AND FEES
   https://ethereum.org/en/developers/docs/gas/
2. What is a gas fee on Ethereum?
   https://consensys.net/blog/metamask/what-is-a-gas-fee-on-ethereum/
3. Gas (Ethereum)
   https://www.investopedia.com/terms/g/gas-ethereum.asp
4. What is meant by the term "gas"?

19

智能合約與 NFT 的產地：Solidity

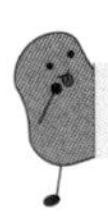

19.1 本章學習影片 QR Code

淺談 Solidity

這個章節要來介紹 Solidity，首先我會先跟大家簡單介紹 Solidity 以及淺談開發環境。

Solidity 是一個蠻常應用於寫智能合約的合約式導向語言，也是一種靜態語言。通常編譯完會能在 EVM 上面運作。

這裡我們會使用 Remix，當然也有其他需要下載的軟體可以編譯，但是 Remix 不需要下載任何軟體，能夠直接在瀏覽器上做使用，同時也能夠寫程式碼、編譯、debug、搭配之前有教過的 MetaMask 一起做使用唷！

19.2 Let's go to Solidity ！

首先，進到 Solidity 首頁（https://remix.ethereum.org/），之後會看到圖 19-2 的配置，我們可以先來進行設定。

▲ 圖 19-1 Solidity 連結

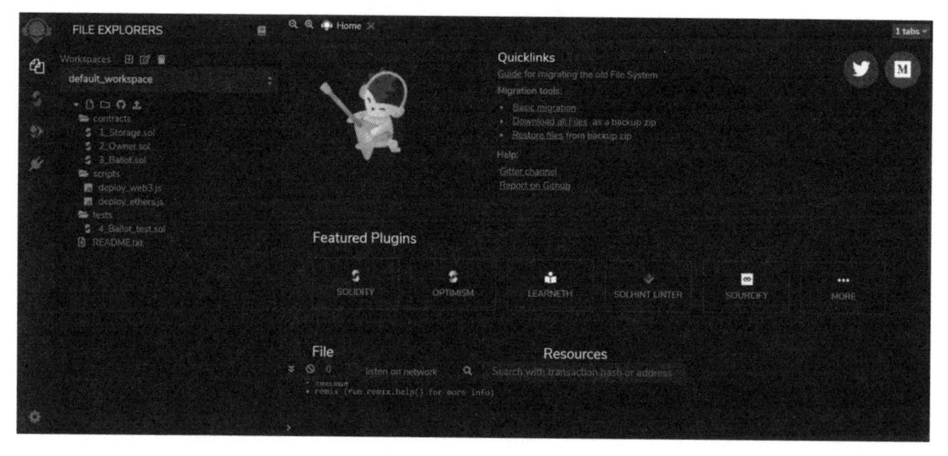

▲ 圖 19-2 Solidity 主頁

STEP 1 介面個人化設定。

我們可以先到設定（圖 19-3 的齒輪圖案），改自己喜歡的顏色！

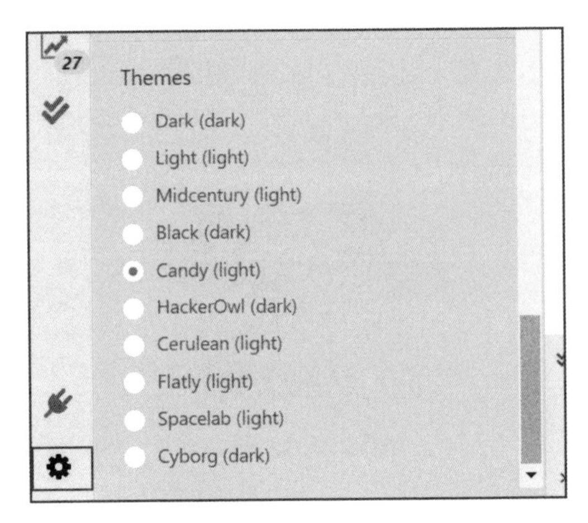

▲ 圖 19-3 Solidity 設定

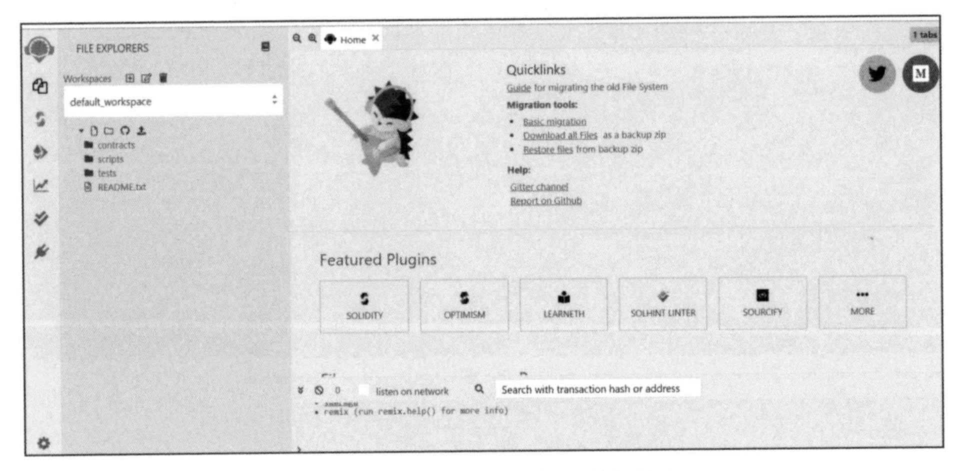

▲ 圖 19-4 Solidity 可以隨心所欲變色

STEP 2 接著在頁面中間的 Featured Plugins 下方點選 Solidity（圖 19-5 中間的方框），請切記是選擇 Solidity 唷。圖 19-5 左方的「Auto compile」建議可以勾起來，它會幫你自動按下下面淺粉紅色的 Compile < > 鍵。而下面的「Hide warnings」也可以勾起來，這樣一來自己打錯字的時候，它會通知你！

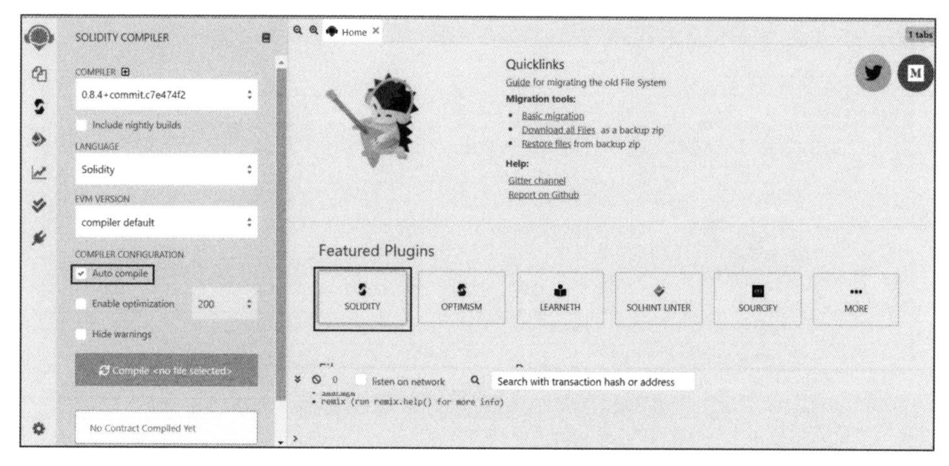

▲ 圖 19-5 Solidity 介面

STEP 3 點選左側最上方的圖案，然後點開這個原本就有寫好的 Storage.sol。

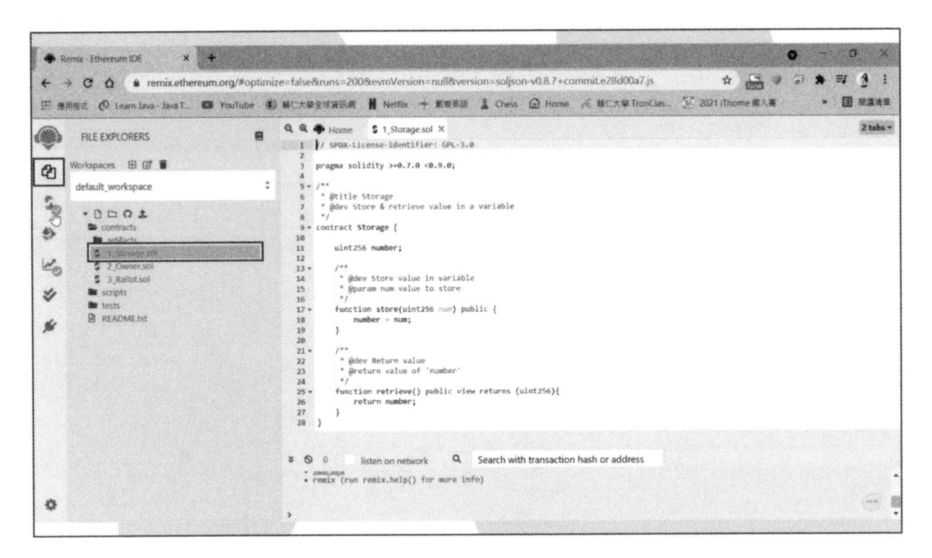

▲ 圖 19-6 Solidity 介面選擇 Storage

STEP 4 接著點選左側第二個圖案，點擊 compile 1_Storage.sol 進行編譯。

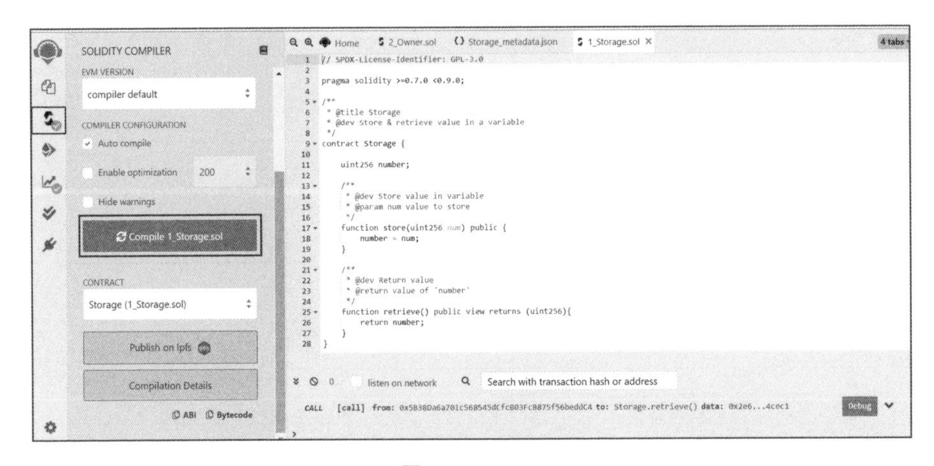

▲ 圖 19-7 compile

19.3 認識介面

STEP 5 認識介面。

這裡可以複製 ABI 以及 Bytecode。複製 ABI 可以看到你的輸入或輸出，如果複製 Bytecode 則會看到你的二元碼。

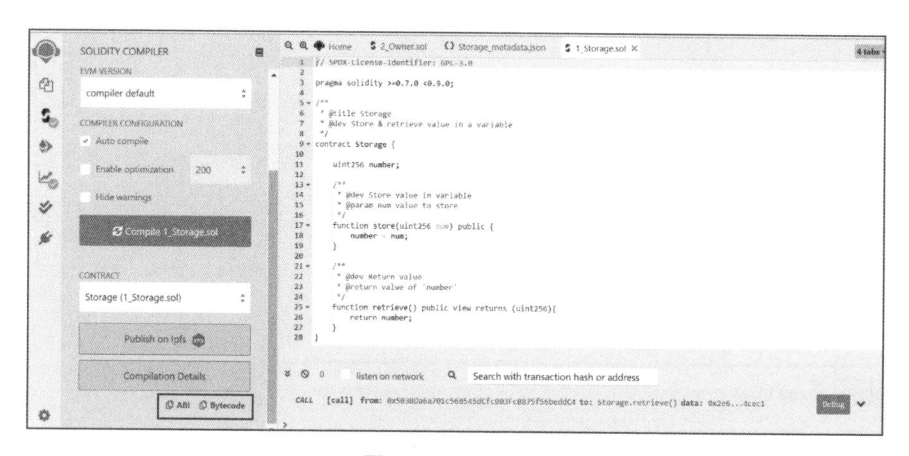

▲ 圖 19-8 Solidity 複製

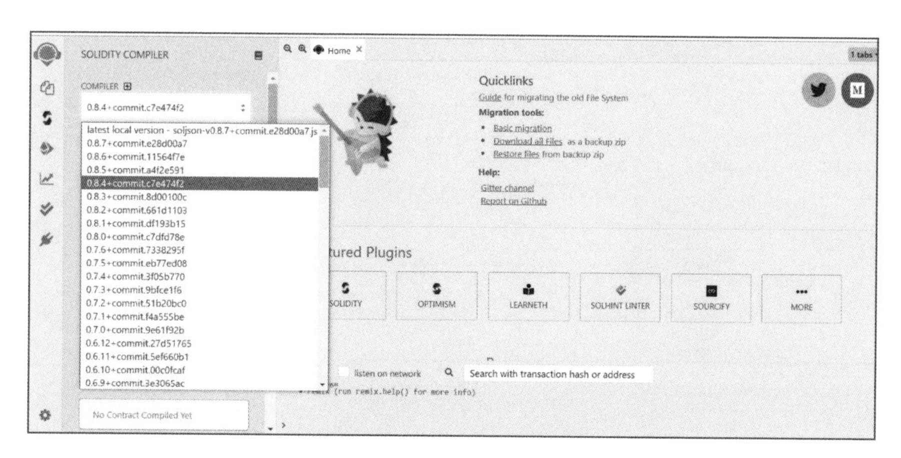

▲ 圖 19-9 Solidity 選擇版本

STEP 6 接著點選左側第三個圖案，記得選 JavaScript VM，這裡選擇 JavaScript VM 的意思是它會在本機運作。如果之後要部署到區塊鏈上的話，可以選擇其他選項。

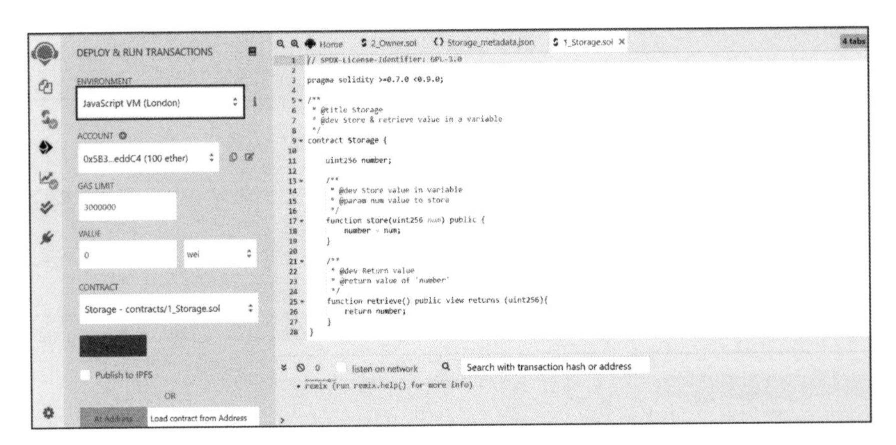

▲ 圖 19-10 javascript

STEP 7 Deploy。

確認過上面是 Storage 的檔案後，可以按一下 Deploy 鍵，並且等待綠勾勾出現。

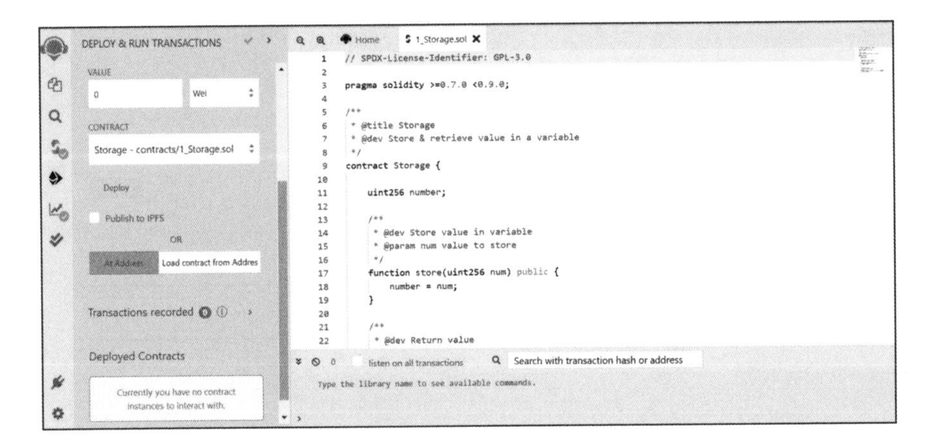

▲ 圖 19-11 Deploy

等待綠勾勾出現後（圖 19-12 底部的方框），可以將粉紅色的下拉式選單展開，然後點擊左方的藍色「retrieve」鍵。

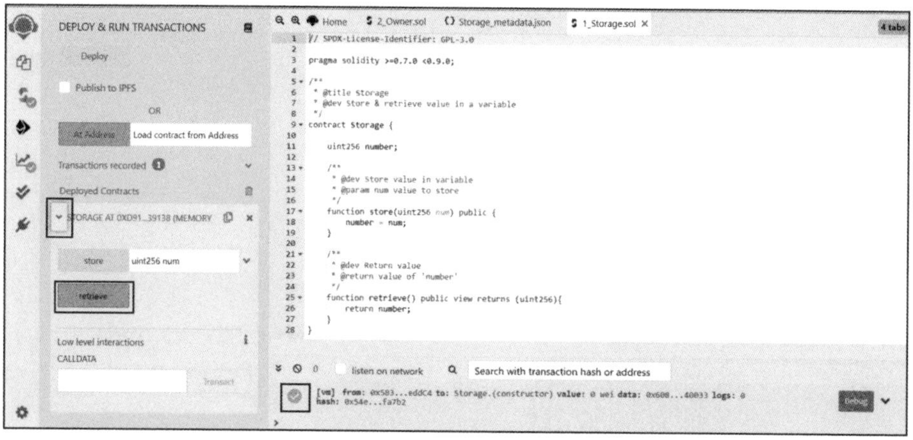

▲ 圖 19-12 Solidity 連結

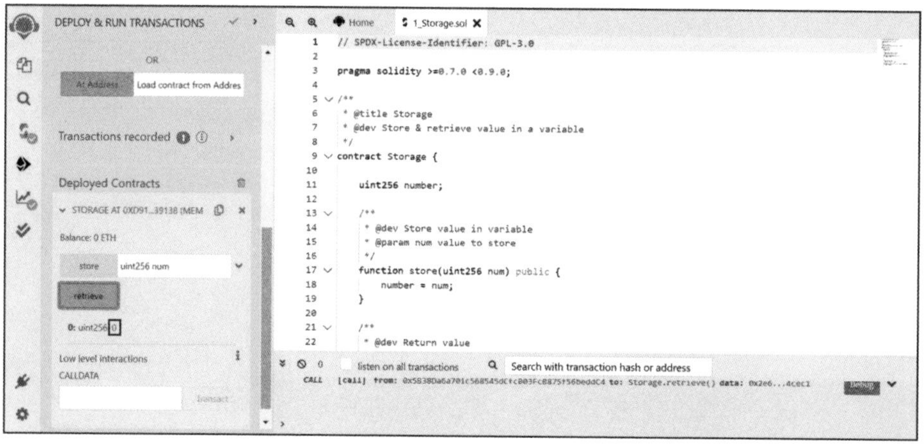

▲ 圖 19-13 值為 0

一開始按拿值會拿不到，因為我們一開始什麼都還沒放。因此我們這次輸入 100 進去看看會不會得到東西，輸入之後按下橘色的 store 鍵，然後再按下方藍色的 retrieve 鍵。

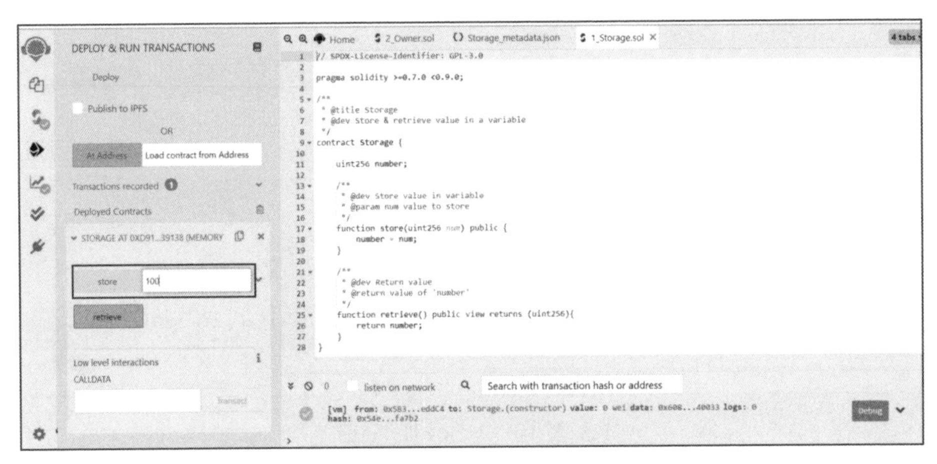

▲ 圖 19-14 Solidity 輸入值

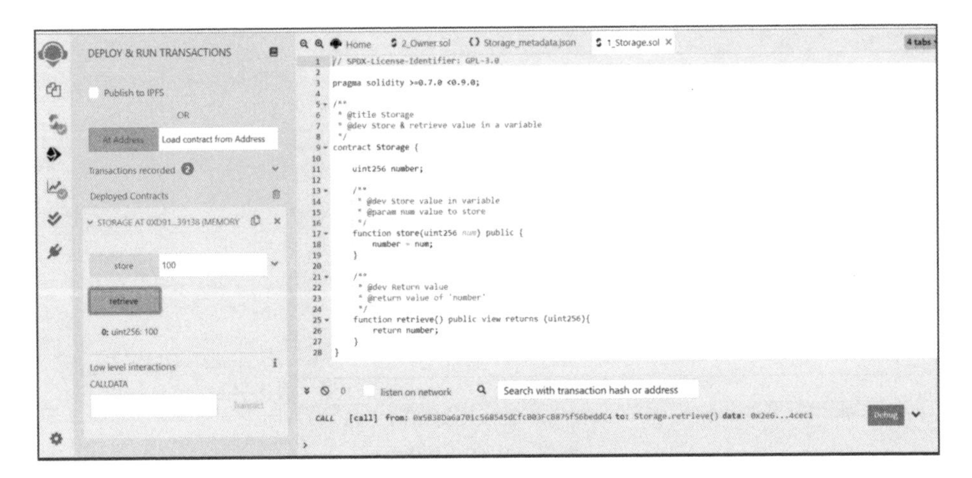

▲ 圖 19-15 Solidity 連結

這次果然順利拿到值了！

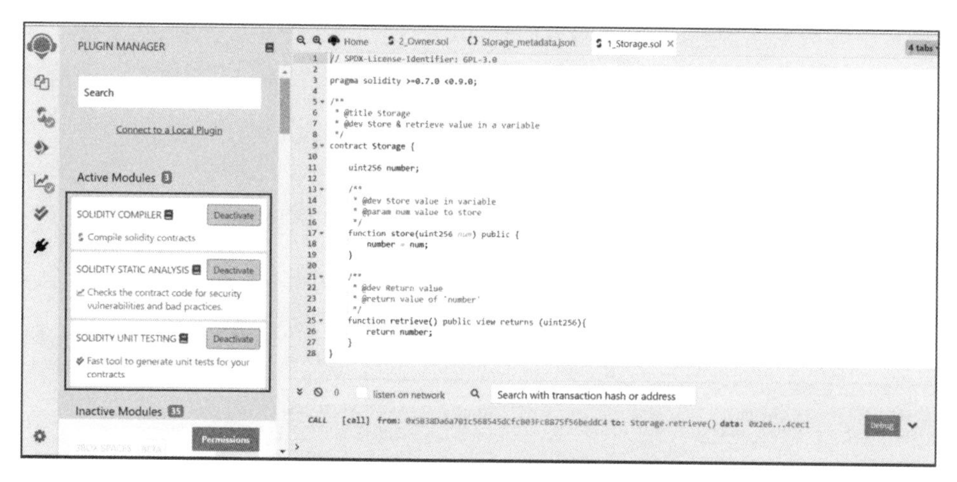

▲ 圖 19-16 Solidity 連結

圖 19-16 中的插頭圖示，是選擇你要啟動哪些功能。

Tips

Solidity 像是一個寫程式的環境，還是建議大家有空的話可以上網找一些語法教學的教學看，才會比較紮實！

筆者語錄

不知道大家對於 Solidity 的初體驗感覺如何，當初第一次接觸的時候其實蠻怕的，很怕自己一不小心就把還沒編輯完成的程式上架到鏈上 XD，祝福各位讀者在學習 Solidity 的路上一路順利！

Note

CHAPTER

20

Solidity 合約內容講解（1）

20.1 本章學習影片 QR Code

Solidity 合約內容講解（1）

因為 Solidity 原本就會有一個 Storage 是先幫你寫好的，或許你第一次看到的時候會不知道這是什麼，那我們會分成兩個部分講解，第一個部分是說明一些常用語法 (本章)，第二個部分則是說明這個合約內容是什麼 (下一章)。那我們就繼續看下去吧。

20.2 註解

註解就是包在裡面的內容是不會執行的，如果程式是多人編輯，很適合利用註解功能，告訴其他編輯者每一段程式的內容是在做什麼。

```
1    註解:
2    //單行註解
3    /*
4    多行註解
5    */
```

20.3 運算

如果有學習過其他程式，這些運算基本上都是一樣的，比較要注意的是次方是使用兩個「*」字號。

```
1  運算:
2  1+1
3  1-1
4  1*1
5  1/1
6  2**2//(次方)
```

20.4 邏輯

在邏輯的部分，兩個等於「==」代表相等，而一個驚嘆號「!」加一個等於「=」是不等於的意思，這也和其他程式的語法相同。

```
1  邏輯:
2  ==    相等
3  !=    不相等
4  &&    且
5  ||    或
```

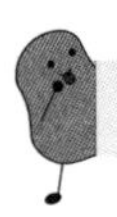

20.4.1 靜態與動態數組

Solidity 有分成靜態以及動態數組。靜態與動態的差別，在於靜態是長度固定不變的，動態則是長度可以變化。在程式裡，如果你沒有設定一個固定長度給它，它就會認為是可以變的！

```
1   uint[8] Array;         //固定長度為8的靜態數組
2   string[4] Array;       //固定長度為4而且是string類型的靜態數組
3   uint[ ] dArray;        //長度不定的動態數組
4   //只要.length就可以取得長度
5   //在動態arry裡我們有幾個語法能用:
6
7   .push():               //加一個初始化為0的數到array的最後一位
8   .push(Zona):           //把Zona放到array的最後
9   .pop():                //把最後一個值刪掉
10  //(很像排隊一樣都是一個一個往後排，刪掉也是從後面開始刪
```

固定長度為 10 的陣列，名稱為 pig。

```
uint[10] pig;
```

筆者語錄

如果有小標籤的話很適合將這個章節標記起來，未來在寫程式時，都很有機會使用到這個章節，畢竟許多制式語法如果有一點點不一樣，也有可能造成程式的差錯，一定要小心！

參考來源

1. 第一集：Solidity 語法講解
   https://www.itread01.com/content/1541794112.html

2. Solidity
   https://solidity-cn.readthedocs.io/zh/develop/

3. 從零開始摸索智能合約系列 第 5 篇 -Solidity 基礎語法
   https://ithelp.ithome.com.tw/articles/10200010

Note

CHAPTER

21

Solidity 合約內容講解（2）

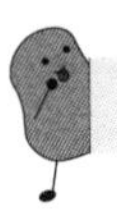

21.1 本章學習影片 QR Code

Solidity 合約內容講解（2）

Solidity 合約內容講解（3）

在這個章節裡我會介紹一些開始撰寫程式之前的前置作業，有些宣告需要先告知電腦，才不會讓電腦在錯誤的地方放置你的程式，那我們就繼續看下去吧！

21.2 資料儲存位置

在記錄資料儲存的位置時，要清楚地告知電腦你的資料要存在哪裡，畢竟你每搬一次東西，就會需要礦工，就會花錢：(

1. **Calldata**：read only（僅供閱讀）。
2. **Memory**：會隨著你的 function 生而生，死而死。
3. **Storage**：會隨著你的合約生而生，死而死。

21.3 合約宣告

```
1   contract helloworld{
2   //這就是宣告一個helloworld的合約，然後這裡可以輸入一些可愛的合約內容
3   }
```

一定要記得把合約內容（也就是程式碼）撰寫在合約裡，否則程式一定會跳錯誤！

21.4 版本宣告

```
1   pragma solidity >=0.7.0 <0.9.0;
2   //意思是0.7.0~0.9.0之間的任何版本都可以執行這項合約。
```

21.4.1 授權宣告

```
1   // SPDX-License-Identifier: GPL-3.0
2   //如果不想要公開的話，可以把GPL-3.0改成UNLICENSED
```

21.4.2 方法 Function

```
1   function functionname(參數,參數2) 可見度 可變性 returns(回傳的資料){
2   }
```

```
3
4  //回傳資料可有可無，取決於你要或不要回傳
5  //可見度與可變性一定要宣告
6  //參數以及回傳值都可以是多個，要用逗號隔開
7  //functionname不可以用保留字
8  function store(uint256 num) public {
9          number = num;
10 }
```

21.4.3 可見度

- **Private**：私密的，不想被外面看到，也只能被自己呼叫。
- **Public**：公開的，可以被自己或外部的 function 呼叫。
- **External**：可以被外部合約直接呼叫，但不能被內部合約直接呼叫，假如 function 叫做 x，不能直接呼叫 x，要呼叫 this.x()。

21.4.4 State 的可變性

- **Pure**：不會讀也不會寫 state。
- **View**：只讀不寫 state。
- **Default**：可讀也可寫 state。

Q&A Time

宣告一個公開、可讀不可寫、名為 abc 的 function，參數 a 為 int 型態，要回傳 int 型態的 b。

答案

```
1   function abc(int a) public view returns(int b){
2
3   }
```

筆者語錄

恭喜讀者看完 Solidity 較進階的講解，也為日後要撰寫合約打下基礎，建立好合約環境是非常重要的一個歷程，恭喜大家都有基本的合約環境，預祝大家之後合約撰寫順順利利！

參考來源

1. 第一集：Solidity 語法講解

   https://www.itread01.com/content/1541794112.html

2. Solidity

   https://solidity-cn.readthedocs.io/zh/develop/

3. 從零開始摸索智能合約系列 第 5 篇 - Solidity 基礎語法

   https://ithelp.ithome.com.tw/articles/10200010

Note

CHAPTER 22

本篇總結 & 重點整理

22.1 本章學習影片 QR Code

本篇總結

在這一篇裡，我們開始進行了許多實作，好在有前半本書的打底，造就了現在可以順利開始實作的基礎！每篇一樣會為各位讀者做總結以及一些練習的題目，確保在這一篇裡都有順利的將內容充分有效的吸收！那我們就來總結這一篇所做過的實作吧！

22.2 虛擬機安裝

在這個章節裡，教學了如何在自己的電腦安裝虛擬機，本書安裝的是 Virtual Box 虛擬機。而安裝虛擬機來進行程式的運行有一些優點，像是虛擬機有自己的主機與應用程式，雖然裡面的儲存空間是由原本的電腦分出去的，但是無法直接與電腦本身互動，算是獨立在運作，使用虛擬機的優點是可以避免病毒或是錯誤程式直接的傷害到電腦本身，且可以在一個較單純的環境執行程式，如果想體驗不同的作業系統也可以在虛擬機安裝。

▲ 圖 22-1 Virtual Box 虛擬機

22.2.1 Merkle Tree

我們在這一篇裡講解了一次 Merkle Tree，也實際畫出了一棵 Merkle Tree。

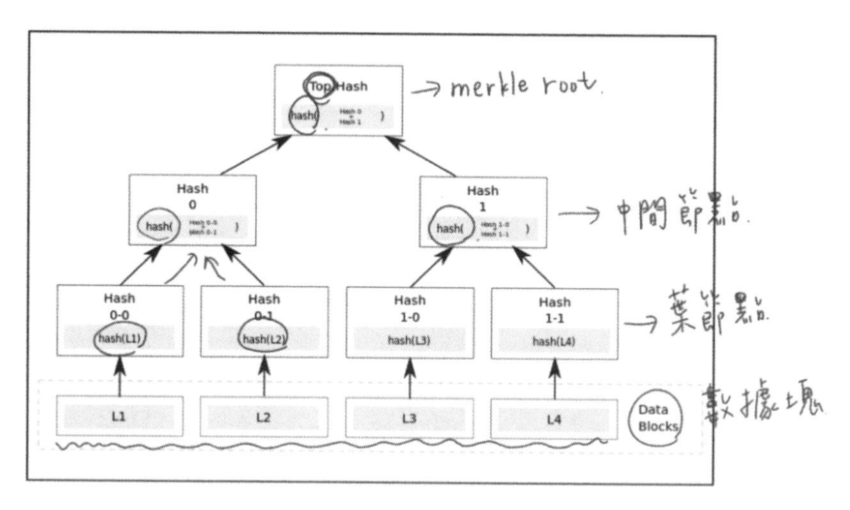

▲ 圖 22-2 Merkle Tree 解釋圖

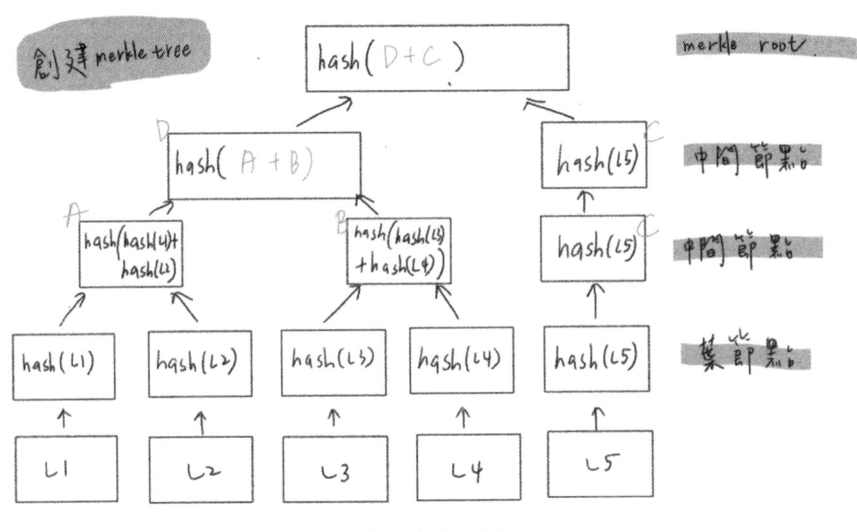

▲ 圖 22-3 實際畫出一棵 Merkle Tree

並用這棵樹嘗試檢索。

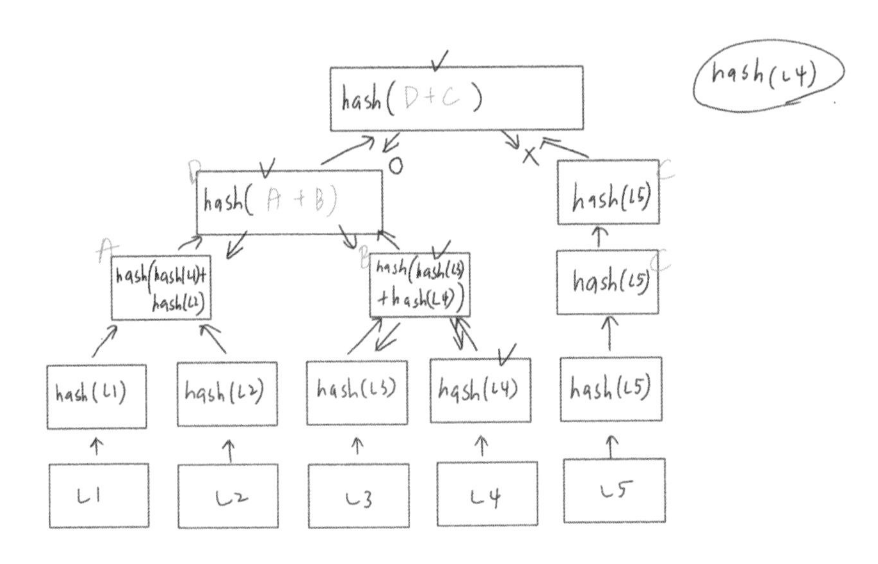

▲ 圖 22-4 檢索 Merkle Tree

22.3 Gas

這裡簡單的整理一些 Gas 的重點整理：

1. 1 gwei = 0.000000001 ETH。
2. Wei 是 ETH 的最小單位。
3. gas 在每筆以太坊交易的明細裡都會出現。
4. 如果交易花很久就代表 gas 價錢設的太低了！
5. 「Gas Limit」是指願意在交易上花費的最大量。
6. 礦工費為：Gas 單位 * 每單位 Gas 價格。

22.4 什麼是 Solidity ？

在這篇裡說明了什麼是 Solidity，這裡整理一些小小重點：

- 合約導向的程式語言。
- 很常拿來撰寫智能合約。
- 可以用 Remix 開發（網頁網站）。
- 可以搭配 MetaMask 錢包。

22.5 Solidity 合約內容講解

22.5.1 合約宣告

```
1  contract helloworld{
2  //這就是宣告一個helloworld的合約，然後這裡可以輸入一些可愛的合約內容
3  }
```

22.5.2 版本宣告

```
1  pragma solidity >=0.7.0 <0.9.0;
2  //意思是0.7.0~0.9.0之間的任何版本都可以執行這項合約。
```

22.5.3 授權宣告

```
1  // SPDX-License-Identifier: GPL-3.0
2  //如果不想要公開的話，可以把GPL-3.0改成UNLICENSED
```

22.5.4 方法 function

```
1  function functionname(參數,參數2) 可見度 可變性 returns(回傳的資料){
2  }
3
4  //回傳資料可有可無，取決於你要或不要回傳
```

```
5   //可見度與可變性一定要宣告
6   //參數以及回傳值都可以是多個，要用逗號隔開
7   //functionname不可以用保留字
8   function store(uint256 num) public {
9           number = num;
10  }
```

22.5.5 可見度

- **Private**：私密的，不想被外面看到，也只能被自己呼叫。
- **Public**：公開的，可以被自己或外部的 function 呼叫。
- **External**：可以被外部合約直接呼叫，但不能被內部合約直接呼叫，假如 function 叫做 x，不能直接呼叫 x，要呼叫 this.x()。

22.5.6 可變性

- **Pure**：不會讀也不會寫 state。
- **View**：只讀不寫 state。
- **Default**：可讀也可寫 state。

Q&A Time

1. 列舉兩項虛擬機的優點？
2. Merkle Tree Root 是使用 ________ 進行運算？
3. 1 gwei = ________ ETH ？
4. ETH 的最小單位？
5. Solidity 是 ________ 導向語言？
6. 將 Private、Public、External 依照可見度排序。

答案

1. 使用不同作業系統、以免病毒直接損害主機
2. Hash
3. 0.000000001 ETH
4. Wei
5. 合約導向
6. Public > External > Private

筆者語錄

堅持閱讀了三篇真的辛苦了，但相信你也已經接觸到許多新知識吧！有了理論基礎以及基礎實作，是不是更有成就感了呢！讓我們繼續堅持下去吧！

本篇的介紹就到這邊拉。我們永遠都在學習的路上一步一步成長，希望在這本書中，我們能夠一起學習一起成長！明天記得繼續回來看下一章，簡單的事情一直堅持，也會變得很不一樣！

PART 4

區塊鏈列車抵達元宇宙：實際動手掌握區塊鏈

即將迎來了最後一篇，在前三篇裡一定有所收穫，最後我們將這些資源集合起來，一起征服元宇宙！

CHAPTER

23

Solidity 實作（1）

23.1 本章學習影片 QR Code

Solidity 小實作（1）

來到程式實作的章節了！首先會先講解一下轉帳的觀念，講完之後會進行一個計算機的程式實作，會寫一個加法與一個減法的 function，如果有興趣的話就讓我們繼續看下去吧！

23.2 轉帳

還記得前面介紹以太鏈時，我們學到以太鏈是由 account 帳戶組成，就像一個一個的銀行帳戶一樣。那如果我們今天要進行帳戶與帳戶之間的轉帳，會需要對方的地址 address，才能正確把錢送到對的位置。

寫法是這樣：

```
1   address[payable]name
```

切記，要有 payable 才代表可以轉帳！

轉帳有兩種寫法。第一種是 transfer，如果用 transfer 轉帳，在轉帳失敗時，會把這次的操作復原。

第二種是 send，如果用 send 轉帳，在轉帳失敗時，會出現 false。使用 send 的話，如果今天沒有仔細檢查，沒有看到 false，連轉帳失敗都不會知道，所以如果可以的話盡量用第一種（也就是 transfer）轉帳比較好。

23.3 一起來看 Storage 合約

接著我們回來看 Storage 這個檔案，第 1 行是授權宣告，這邊你可以選擇你想要如何授權，如果今天不開放授權的話，可以把 GPL-3.0 改成 UNLICENSED，如果沒有打這一行的話系統就會警告你。

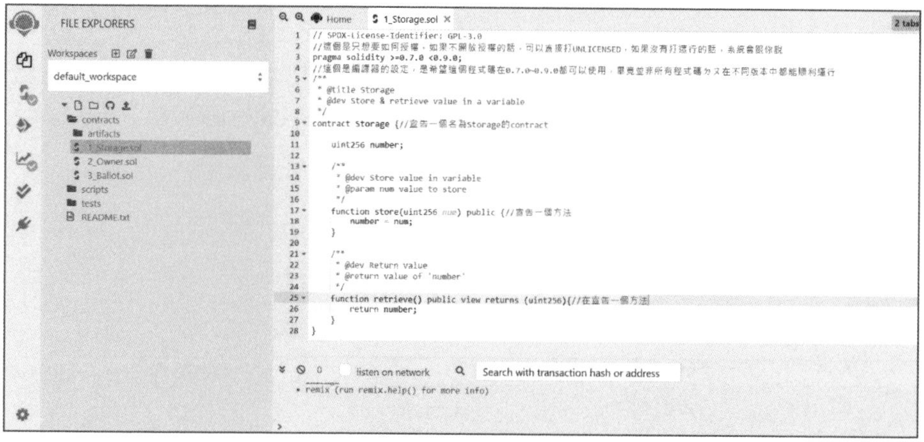

```
FILE EXPLORERS
Workspaces
default_workspace
contracts
artifacts
1_Storage.sol
2_Owner.sol
3_Ballot.sol
scripts
tests
README.txt

Home    1_Storage.sol ×    2 tabs
1  // SPDX-License-Identifier: GPL-3.0
2  //這個是只想要如何授權，如果不開放授權的話，可以直接打UNLICENSED，如果沒有打這行的話，系統會跟你說
3  pragma solidity >=0.7.0 <0.9.0;
4  //這個是編譯器的設定，是希望這個程式碼在0.7.0~0.9.0都可以使用，畢竟並非所有程式碼ㄉ又在不同版本中都能順利運行
5  /**
6   * @title Storage
7   * @dev Store & retrieve value in a variable
8   */
9  contract Storage {//宣告一個名為Storage的contract
10
11     uint256 number;
12
13     /**
14      * @dev Store value in variable
15      * @param num value to store
16      */
17     function store(uint256 num) public {//宣告一個方法
18         number = num;
19     }
20
21     /**
22      * @dev Return value
23      * @return value of 'number'
24      */
25     function retrieve() public view returns (uint256){//在宣告一個方法
26         return number;
27     }
28 }

listen on network    Search with transaction hash or address
• remix (run remix.help() for more info)
```

▲ 圖 23-1 Storage 合約

第 3 行的話是版本宣告，設定程式碼在 0.7.0~0.9.0 之間都可以使用。並非所有程式碼都可以在所有版本裡順利運行，所以還是宣告一下比較好！

第 9 行是宣告一個名為 Storage 的合約，大括號裡就是合約要做的事情。

第 17 行宣告了一個名為 store 的 function，括號裡是它的參數，並且是一個公開的 function。

第 25 行也有一個名為 retrieve 的 function，比較不一樣的地方是這個 function 是要有回傳值的。

23.4 實作

經過前幾章有關 Solidity 語法講解的過程，那本章就來做一個小實作。我們來寫一個有關加法與減法的小程式。

這裡的程式是參考這個連結（https://youtu.be/H9KskbqFQFM）來做練習的，所以大家如果想看更詳細的解說，可以直接前往連結唷。

```
1   // SPDX-License-Identifier: GPL-3.0
2   pragma solidity >=0.7.0 <0.9.0;
3
4   //合約:calaulate，2個function
5   contract calaulate{
6       int private a;//這是一個儲存結果的變數
7
```

```
8       function add(int x, int y) public returns(int z){
9       //這是加法的function，兩數相加為x,y，結果為z
10          a = x + y;
11          z = a;
12      }
13
14      function sub(int x, int y) public returns(int z){
15      //這是減法的function，兩數相減為x,y，結果為z
16          a = x - y;
17          z = a;
18      }
19
20      function total() public view returns(int){
21          return a;
22      }
23  }
```

Tips

這是一個簡單的加法與減法 function，主要的目的是帶大家了解寫合約程式大概是怎樣的型態。如果這對你來說非常簡單的話，也很歡迎你嘗試如何寫寫看乘法與除法的 function 喔！

筆者語錄

恭喜讀者看完第一個小實作，我都放非常簡單的程式，讓大家可以輕易上手，如果覺得太簡單也可以自己挑戰看看困難一點的程式唷！

CHAPTER

24

什麼是 Mapping ？

24.1 本章學習影片 QR Code

認識 Mapping

Hi ！本章要介紹 Mapping，其實 Mapping 很像一個 Hash Table，有很多時候都會有一個名字對應一個數值的狀況。好比在銀行時，一個用戶名會對應一個銀行戶頭金額；在學校時，一個學生名會對應一個成績等等。像這種狀況，就會需要一個地方去整理這些數值，並且讓這些值是可以用名稱去找到的。

在這樣的狀況下，我們會說用戶名叫做 key（鍵）、戶頭金額是 value（值），學生名是 key（鍵）、成績是 value（值）。

要注意的是 Mapping 並不是拿來存 key 或 value 資訊的地方，而且也沒有任何長度（length）資訊！如同前面提到的，它像 Hash Table，所以會把 keccak（key）的 Hash 拿來對應 value。

所以沒有真的使用 key，而是用 key 的 Hash。這樣就會有一個限制，就是當你今天 key 沒有東西的時候，就完全無法對應 value。那在還沒有填東西進去之前，以太鏈都會直接定義是 0。同樣的，Mapping 還沒使用到的地方也會被初始化為 0。

所以，下面我們要來宣告看看 Mapping。

24.2 宣告 Mapping

```
1   mapping(key型別=> Value型別)名稱
2   mapping(String =>uint) number(學生名 對應 成績並且命名為number)
3   mapping
```

24.3 Mapping 的刪除

雖然一般我們如果宣告一個變數 uint x=2; delete x; x=0。但今天如果我們使用 mapping(Zona=>100)，delete Zona 是無法刪除東西的。

要切記 key 一定要跟 Mapping 一起使用，不然什麼都不是。

正確的寫法應該是：

```
1   delete map[Zona];
```

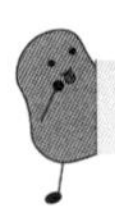

24.4 Message

Message 其實是由兩種格式組成。

- **Sender**：傳送的來源位置（msg.sender）。
- **Value**：傳送者送過來的 Wei（msg.value）。

Tips

Mapping 也是時常會使用到的，請牢記好它的特質。

筆者語錄

不知道各位讀者讀到這邊時還好嗎？如果覺得很累的話，也可以掃描每章節前面的 QR Code，用聽的方式也能輔助你了解章節內容唷。找到最適合自己的方法才是最重要的！

參考來源

1. Solidity 30 天實戰教學 (2020) - Day 4 - Layout of a solidity code
   https://www.youtube.com/watch?v=H9KskbqFQFM&t=0s

CHAPTER

25

Solidity 實作（2）

25.1 本章學習影片 QR Code

Solidity 小實作（2）

前一章介紹完 Mapping 大概的概念之後，這裡就來實際做做看吧。這次是參考 Solidity by Example（https://solidity-by-example.org/mapping/）網站中的程式碼進行實作。

如果大家對 Mapping 的實作有興趣的話，那我們就繼續看下去吧。

25.2 程式碼

```
1   // SPDX-License-Identifier: GPL-3.0
2   pragma solidity >=0.7.0 <0.9.0;
3
4   //合約 maping，bigmap做mapping，3個function
5   contract maping{// maping合約
6       mapping(address => uint) public bigmap;
7
8       function go(address add) public view returns(uint){
```

```
9           return bigmap[add];
10      }
11
12      function set(address add, uint a) public{
13          bigmap[add] = a;
14      }
15      function del(address add) public{
16          delete bigmap[add];
17      }
18  }
```

Tips

在這幾個章節裡，這些程式碼如果看了註解還是看不懂，本章節開頭有影片講解版本可以看，讀者可以一邊操作、一邊瀏覽影片了解實作過程，說不定用聽的更能知道程式的內容與架構喔！

筆者語錄

恭喜讀者做完了兩個小實作！這邊只是稍微示範一下，如果未來要寫智能合約，它的流程會是怎樣。將來要寫真正的智能合約，可能還是需要更紮實的程式基礎。沒關係，我們一起學習！

參考來源

1. Solidity by Example-Mapping
   https://solidity-by-example.org/mapping/

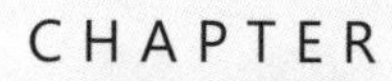

CHAPTER 26

如何保障智慧財產？

26.1 本章學習影片 QR Code

如何保障智慧財產

26.2 何謂智慧財產？

何謂「智慧財產」？生活中不管有形或是無形、動產或是不動產，有形的車子、房子、現金，無形的音樂、圖像、網頁設計……等，為了保護這些人類精神智慧產物賦與創作人的專屬享有之權利，就叫做「智慧財產權」（Intellectual Property Rights，IPR），包括商標專用權、專利權及著作權。

這些雖然是無形的智慧產物，但它們的經濟價值通常難以估計。一般人對其他人有形的財產比較尊重，而對於尊重別人智慧財產權的觀念相對就比較薄弱。因此有仿冒品、盜印書籍、盜版軟體充斥著市面，或是使用外型與知名企業相近的商標，而造成消費者混淆等行為，這些都很常見。這其實都是一種侵害他人智慧財產權的違法行為，與侵害他人有形財產是一樣的。

26.3 何謂專利？

當你創作了一項作品，並且希望它可以受法律保護不被抄襲的話，你可以向智慧財產局提出專利申請。若審核通過，就會賦予你**專利權**，如此一來你的創作在一定時間內就會受到專利權保護。除了提供申請的文件，智慧財產局審核的標準為是否符合「產業利用性」、「新穎性」及「進步性」這三個實質要件。

- **產業利用性**：會評估這個商品是否有產業上的利用價值，是否可以被製造、被使用，此項評估會優先於新穎性與進步性評估，如果這個商品在產業上沒有利用價值，那可能就會申請不過。舉例：一種整形手術，這項因為實施對象是有生命的，不具產業利用性。

- **新穎性**：會去審查這個技術是否已經被刊物公開，或是這是一項眾所周知的技術，如果是這樣的話，就不具新穎性。

- **進步性**：會去判斷這項技術和原本已有的技術是否有差異，通常要是使用先前技術無法輕易完成，而你的新技術有辦法輕易完成，那就具備進步性。若和先前技術有差異，但使用你的新技術變得更難完成，那也不具進步性（可能具備退步性）！

26.4 如何保護智慧財產權？

因為原本的初衷是希望能夠保護創作者的創作，避免被盜取做二次利用及販賣營利，所以才聯想到區塊鏈這個想法。後來經過十幾天的資料蒐集，我也發現其實國外已經有網站利用區塊鏈技術來保護照片！也發現許多用戶是專業攝影師，專門在拍各國風景、或是大自然風景的攝影師都有使用。

但畢竟並不是每張照片都有註冊智慧財產或設計權，在沒有被這些權利保護的時候，區塊鏈就顯得特別重要，因為它可以在你上傳時，就記錄這個時間戳。而區塊鏈有**不可竄改**的特質，因此這會成為你很重要的證據。再來就是有些公司會在上傳照片時，給你一個獨一無二的指紋作為密碼，所以很安全。

他們都是主打簡單步驟讓自己的照片受保護，像是先上傳照片、再花一些時間搜尋網路上是否有一樣的圖片，如果有，就代表圖片被盜用了，這時候可能就會進到法律途徑或是收取一些使用費用之類的，有些網站則是會幫你發佈具有法律約束力的刪除警告訊息給盜用者，最後就是能夠保護照片，並且協助權利人拿到收益。柯達公司也有推出基於區塊鏈的影像權管理平台及其專屬加密貨幣。

所以這也告訴我們，不要因為照片很好看就逕自拿去使用，在這個網路發達的時代，很容易被發現盜用，不要知法犯法，也不要跟自己的荷包過不去！

因為這些其實和法律也有許多關聯，所以這部分或許會是未來很大的商機，大家可以關注一下！以下分享幾個我知道有在保護照片的平台。

1. Pixsy

▲ 圖 26-1 Pixsy 官網 QR Code

▲ 圖 26-2 Pixsy 官網

2. Ryde

▲ 26-3 Ryde 官網 QR Code

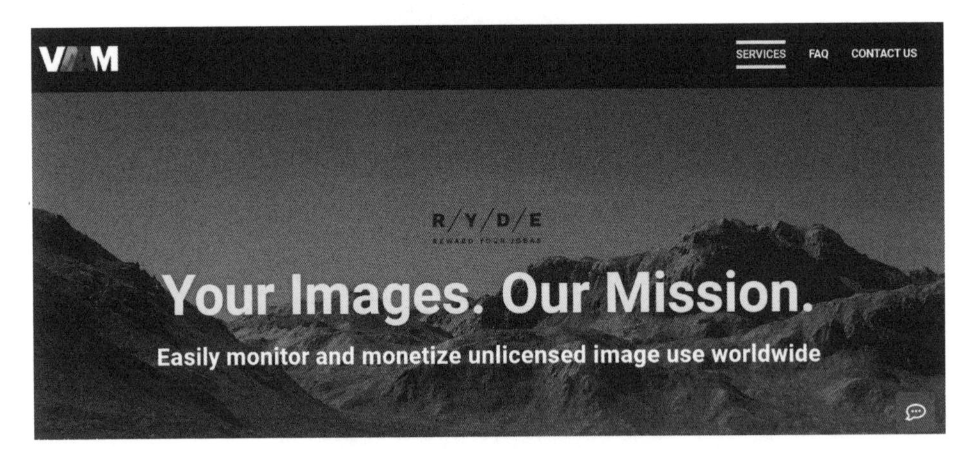

▲ 圖 26-4 Ryde 官網

Tips

在法律意識越來越抬頭的情況下，除了要好好保護自己的智慧財產權，也要小心不要侵權！因為區塊鏈與虛擬貨幣正值剛起步階段，或許法律尚未完整，但這仍然是很重要的趨勢方向，值得探究！

筆者語錄

恭喜讀者看完介紹比較偏法律的一個章節，我認為還是要對智慧財產權有一定的認識，這樣才能藉由法律保護自己！

參考來源

1. 何謂「智慧財產權」？
   https://www2.nuk.edu.tw/lib/copyright/00.htm

2. 認識專利 - 經濟部智慧財產局，2017 年 12 月版

Note

CHAPTER

27

將作品上鏈

寫完智能合約後，最重要也是最後一步，就是將作品上鏈。

27.1 Solidity 上鏈

首先，要先在你的編譯器 Remix IDE 上安裝 Remixd。

再來，就是將原本在本地運行的程式改到鏈上。在 Workspaces 的選項中，點選「connect to localhost」這個選項。

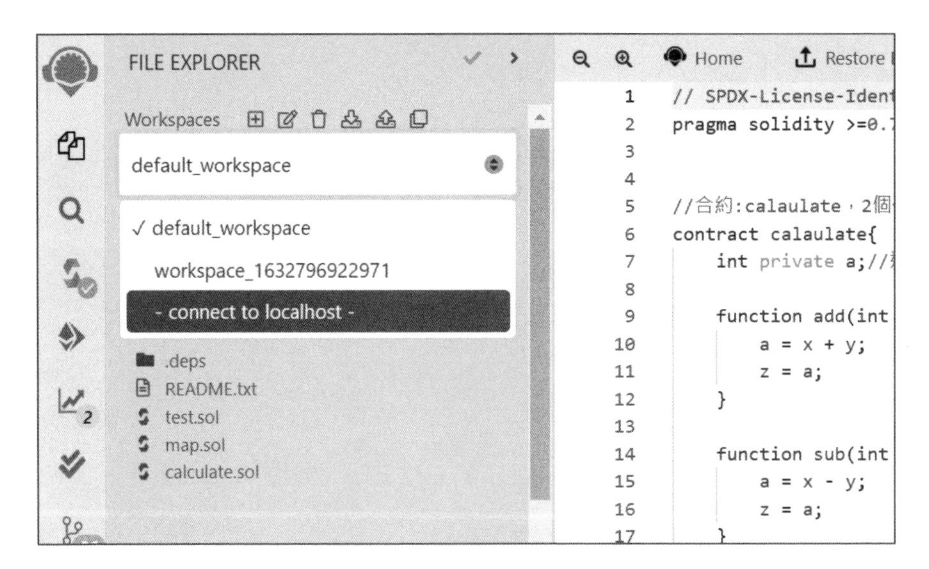

▲ 圖 27-1 connect to localhost

點下去後會跑出圖 27-2 的畫面。

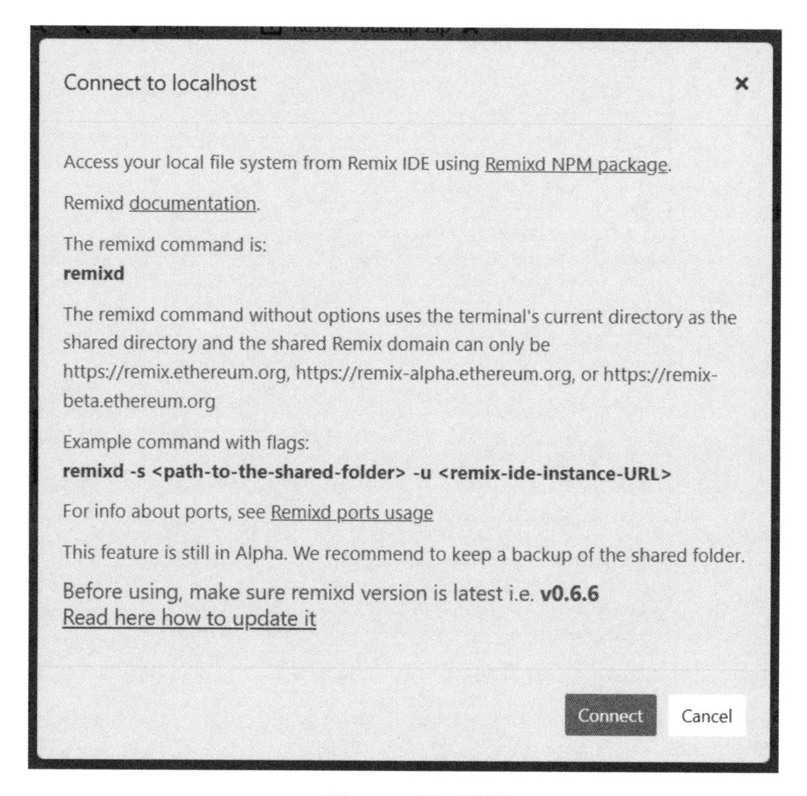

▲ 圖 27-2 是否連接

連接好後就能部署上去了！但是每次的部署都是需要支付手續費以太幣的，而且與智能合約的互動也會和原本選擇 JavaScript VM 虛擬機的相仿，因此建議先在虛擬機上測試，確定後再進行上鏈的動作。

而要如何與智能合約進行互動呢？這裡的互動方式和原本在 Remix 拿值的方式一樣。

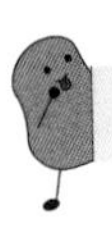

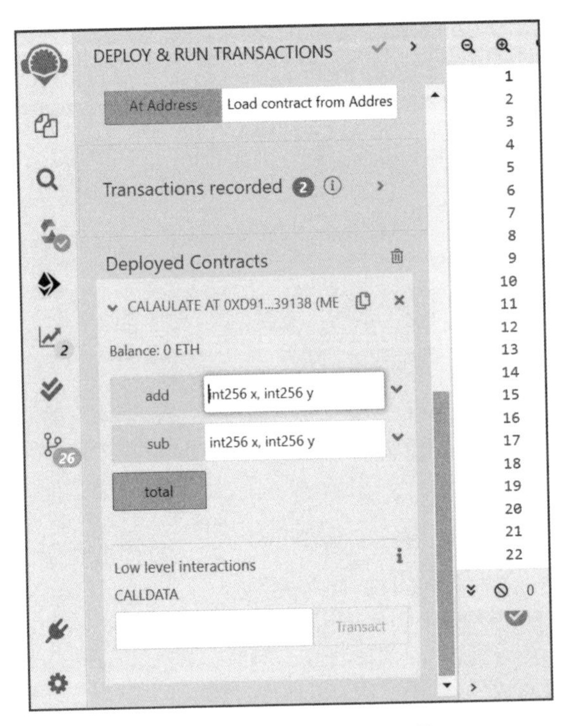

▲ 圖 27-3 與智能合約互動

而下面圖 27-4 這一塊就是顯示完整的智能合約，但是因為我是在虛擬機上撰寫，因此開頭有寫是 VM 的。

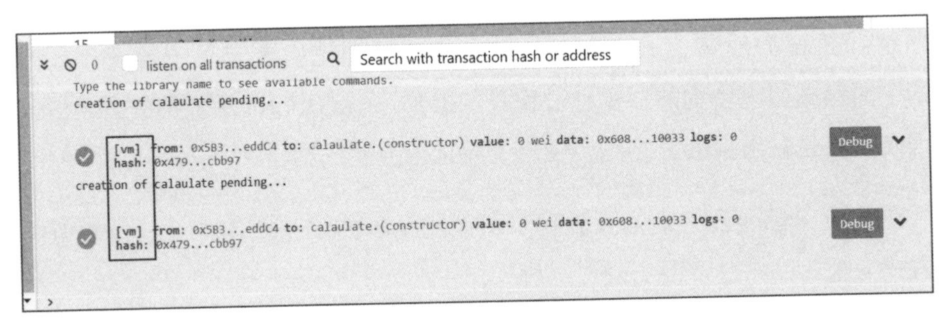

▲ 圖 27-4 智能合約記錄

27.2 NFT 上鏈

接下來要來說明 NFT 的上鏈，因為 NFT 是每個人都能製作並發售的，而第一步就是先去開戶！

STEP 1 虛擬貨幣交易所開戶。

因為往後在 OpenSea 上架或交易 NFT 時，都會需要使用到虛擬貨幣，就像你要進行買賣時，都需要有一個銀行帳戶。因此要先到虛擬貨幣交易所開戶。交易一定有風險，請審慎評估風險，再決定要不要進行！

因為虛擬貨幣交易所不只一間，讀者可以選擇自己最方便的交易所開戶即可。

STEP 2 連結錢包與交易平台。

要在 OpenSea（https://opensea.io/）上面進行交易，一定要有地方存放你的錢幣，因此我們要將前面有帶著大家註冊的 MetaMask 小狐狸錢包與 OpenSea 做連結。這邊我們進入官網後，點擊右上角頭貼。

OpenSea
Search items, collections, and accounts
Explore
Stats
Resources
Create
Explore, collect, and sell NFTs
Profile
Favorites
Watchlist
My Collections
Settings
Night Mode
alien frens
Floor: 0.29 ETH
CryptoSkulls
Floor: 0.42 ETH
Fidenza by Tyler Hobbs
Floor: 95 ETH
CryptoPunks
https://opensea.io/account
Top
24h
View all

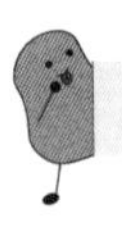

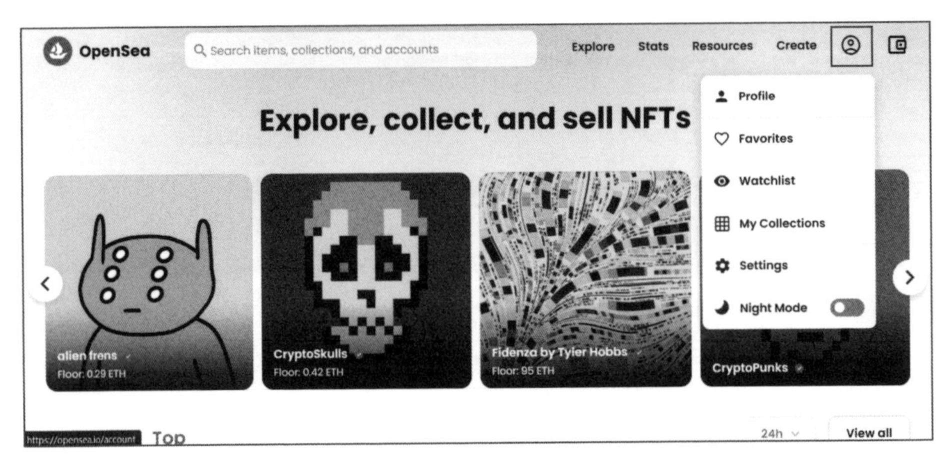

▲ 圖 27-5 OpenSea 首頁

STEP 3 跑出如圖 27-6 的畫面時，點擊你想連接的錢包。

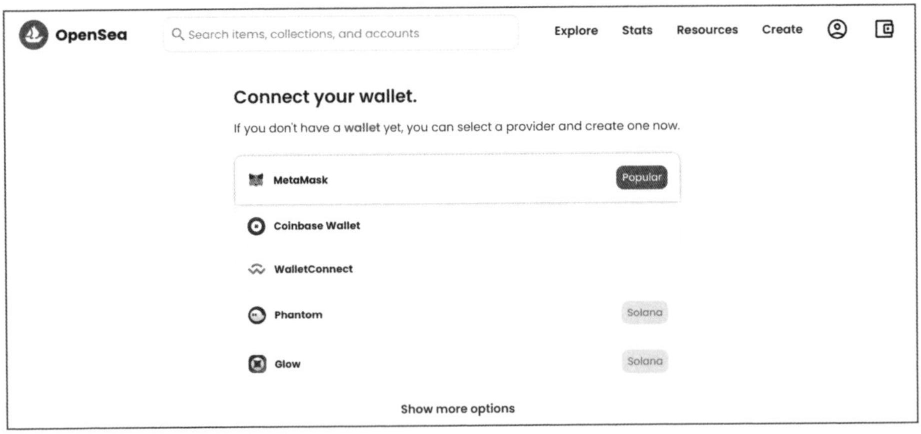
OpenSea
Search items, collections, and accounts
Explore
Stats
Resources
Create
Connect your wallet.
If you don't have a wallet yet, you can select a provider and create one now.
MetaMask
Popular
Coinbase Wallet
WalletConnect
Phantom
Solana
Glow
Solana
Show more options

▲ 圖 27-6 連結錢包 -1

STEP 4 輸入密碼後，選擇帳戶並連接。成功後會出現圖 27-8 的畫面。

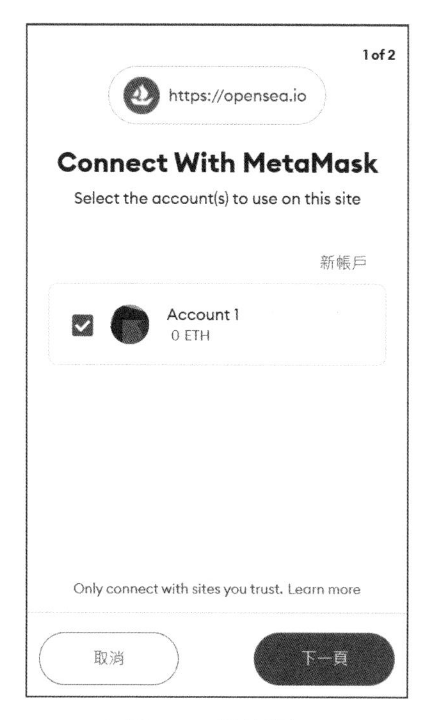

▲ 圖 27-7 連結錢包 -2

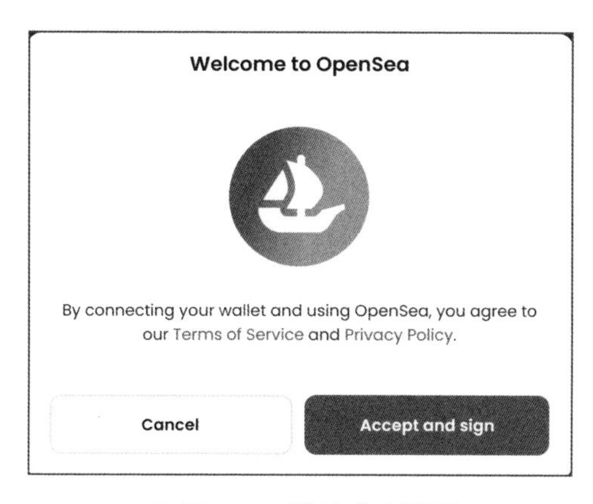

▲ 圖 27-8 連結成功畫面

STEP 5 簽署。

簽署完成後就會成功登入了！成功登入後再按「Create」來到圖 27-10。

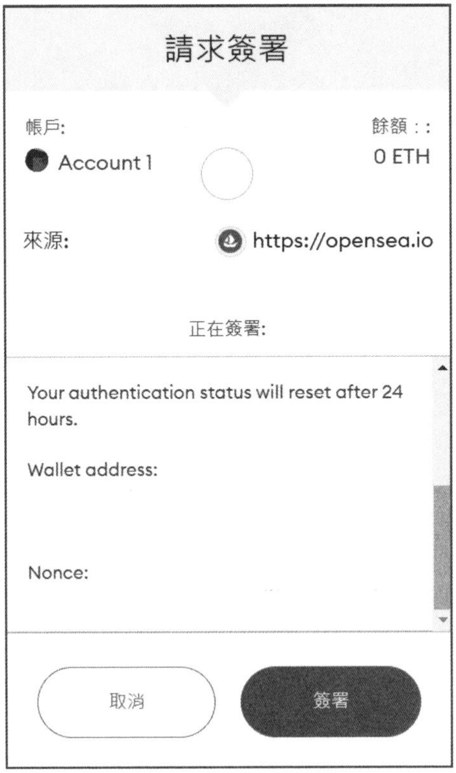

請求簽署

帳戶:
Account 1

餘額 : :
0 ETH

來源:
https://opensea.io

正在簽署:

Your authentication status will reset after 24 hours.

Wallet address:

Nonce:

取消　簽署

▲ 圖 27-9 請求簽署

STEP 6 點擊「Create」建立新的 NFT。

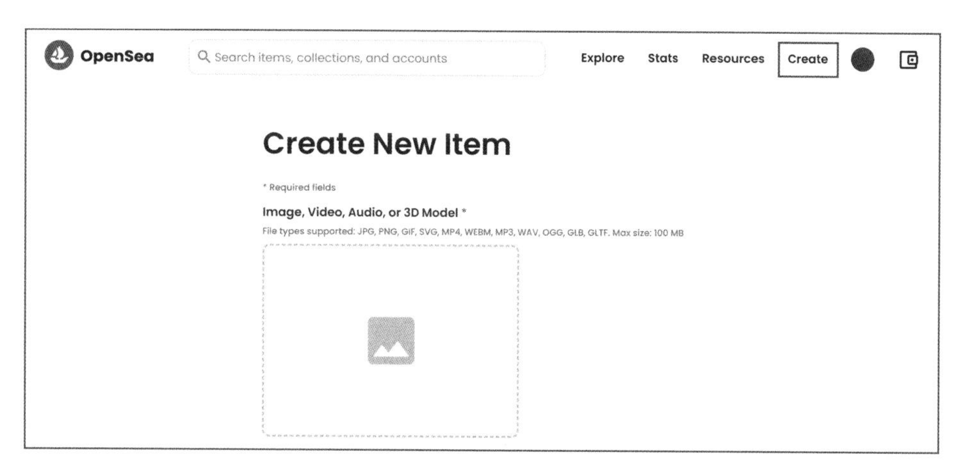

▲ 圖 27-10 建立 NFT 的畫面 -1

STEP 7 接著就是按照表格一路填下去。

OpenSea
Search items, collections, and accounts
Explore Stats Resources Create

Name *

Item name

External link

OpenSea will include a link to this URL on this item's detail page, so that users can click to learn more about it. You are welcome to link to your own webpage with more details.

https://yoursite.io/item/123

Description

The description will be included on the item's detail page underneath its image. Markdown syntax is supported.

Provide a detailed description of your item.

▲ 圖 27-11 建立 NFT 的畫面 -2

STEP 8 填到最後可以選擇發行的區塊鏈，這裡我選擇 Ethereum（以太坊）進行發行。

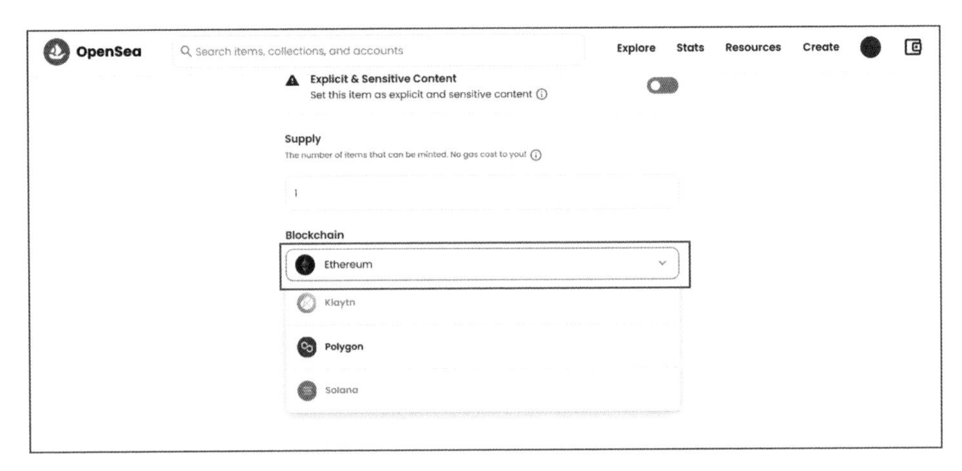

▲ 圖 27-12 選擇發行區塊鏈

最後按下「Create」按鈕就建立成功了！

上鏈後做任何動作都需要「手續費」，也就是要拿錢給礦工，請礦工幫你做事。

Tips

大家金鑰真的要保管好，進行交易時一定要審慎評估小心安全。

筆者語錄

這次提供了智能合約以及 NFT 的上鏈方法。我都是以截圖程序為主，因為我也還沒想好要上傳什麼 NFT，等我有一天想好了也會上傳的！我在嘗試這個章節時也非常害怕 XD 但我相信讀者們一定可以成功的上傳自己的 NFT ！

參考來源

1. Remixd: Access your Local Filesystem
   https://remix-ide.readthedocs.io/en/latest/remixd.html#remixd-access-your-local-filesystem

2. 依武享生活：NFT 作品製作教學》5 分鐘上傳自己的 NFT ！（內含 Max 交易所、MetaMask 錢包、OpenSea 平台教學）
   https://yiwu.com.tw/nft-works/

Note

CHAPTER

28

掌握一切網路資源：領免費代幣

28.1 本章學習影片 QR Code

領免費幣 + 佈署鏈上！

本章要教幾個領免費代幣的方法！相信大家有看前面幾章的內容，一定會知道在每次進行交易時，都會需要花費 Gas 請礦工幫你上鏈。因此我會在本章介紹兩個可以拿到免費代幣的網站，分別是 Goerli 和 Rinkeby 的測試幣。如果只是想上鏈，又不想花錢的話，或許你會很需要閱讀這章唷！

28.2 第一個領免費代幣的地方

第一個可以免費領幣的網址連結為：https://faucet.rinkeby.io/。

▲ 圖 28-1 第一個領免費代幣之網站

STEP 1 首先進入網站後，會看到如圖 28-2 的畫面（請記得要使用已經安裝 MetaMask 的瀏覽器來進入網站）。

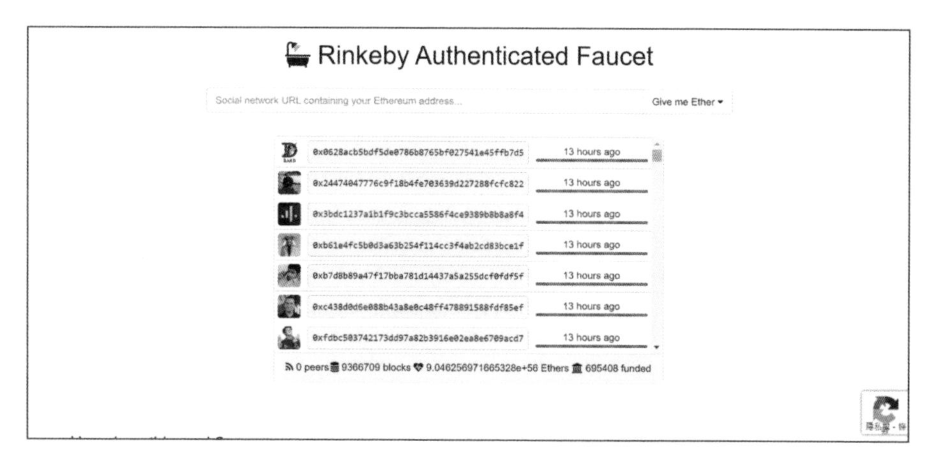

▲ 圖 28-2 前往 Rinkeby 測試網路

STEP 2 打開 MetaMask 錢包，確認自己的測試網路是 Rinkeby 測試網路。然後將自己的 Account 錢包地址複製起來。

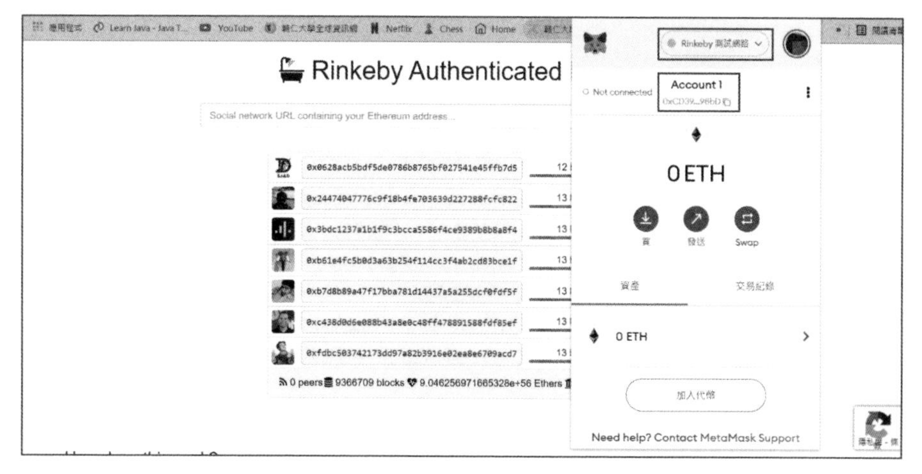

▲ 圖 28-3 確認測試網路是否正確，接著複製 Account 錢包地址

STEP 3 將複製的 Account 貼到 Twitter 或臉書上，然後發布貼文。

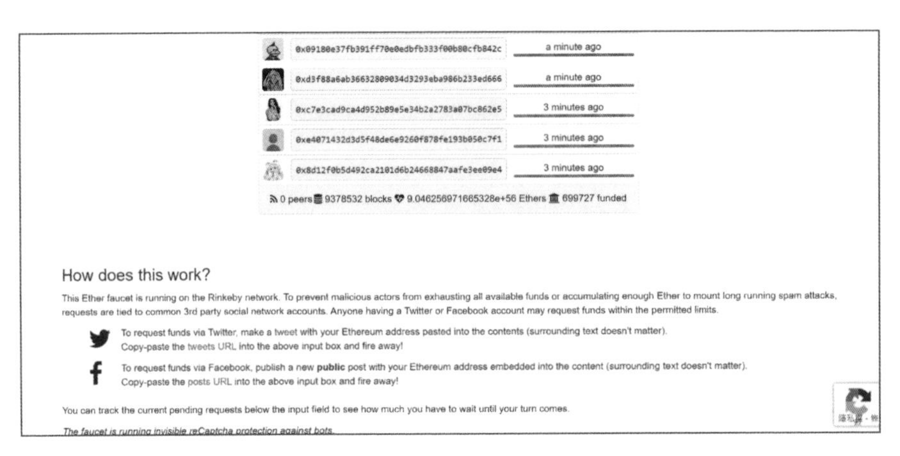

▲ 圖 28-4 將 Account 貼到 Twitter 或臉書，進行發文

STEP 4 複製該則發文的網址，再回到 Rinkeby 測試網路，將網址貼到中間的搜尋框內，然後就可以點開右邊的按鈕，選擇想要的測試幣數量。選項中依序為「3 Ethers / 8 hours」、「7.5 Ethers / 1 day」、「18.75 Ether / 3 days」。

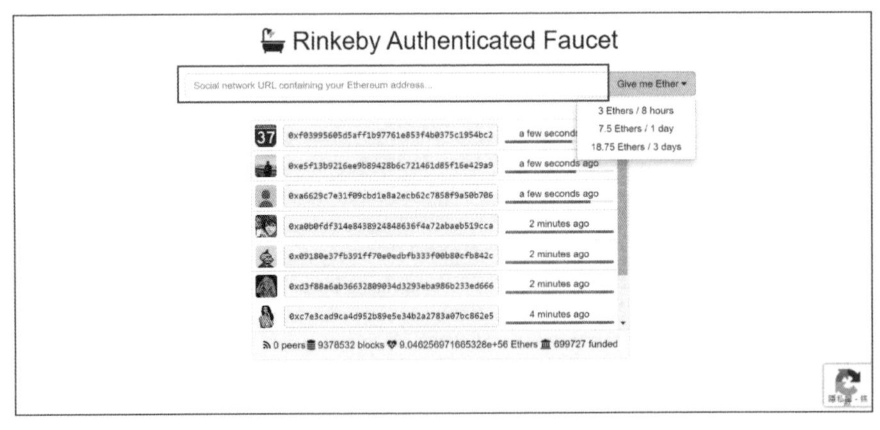

▲ 圖 28-5 將發文網址貼到 Rinkeby 的框框內，就可以選擇想要的測試用的以太幣數量

28.3 第二個領免費代幣的地方

網址連結：https://faucet.goerli.mudit.blog/。

▲ 圖 28-6 第二個領免費代幣之網站

STEP 1 進入 Goerli 測試網路頁面。基本上這裡的操作流程也和前面一樣。

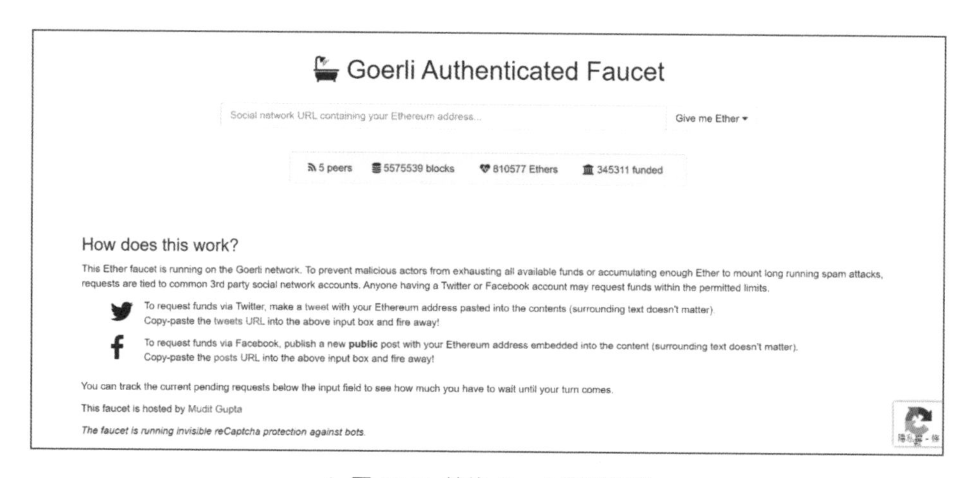

▲ 圖 28-7 前往 Goerli 測試網路

STEP 2 打開自己的 MetaMask 錢包，這裡要記得切換並確認測試網路是「Goerli 測試網路」，而不是「Rinkeby 測試網路」。確認完畢後，複製自己的 Account 錢包地址，貼到 Twitter 或臉書進行發文，再將發文網址貼回 Goerli 頁面中的框框，按下按鈕，就可以選擇想要的測試幣數量。目前該網站提供了「1 Ether / 1 day」、「2.5 Ethers / 3 days」、「6.25 Ethers / 9 days」三種選項。

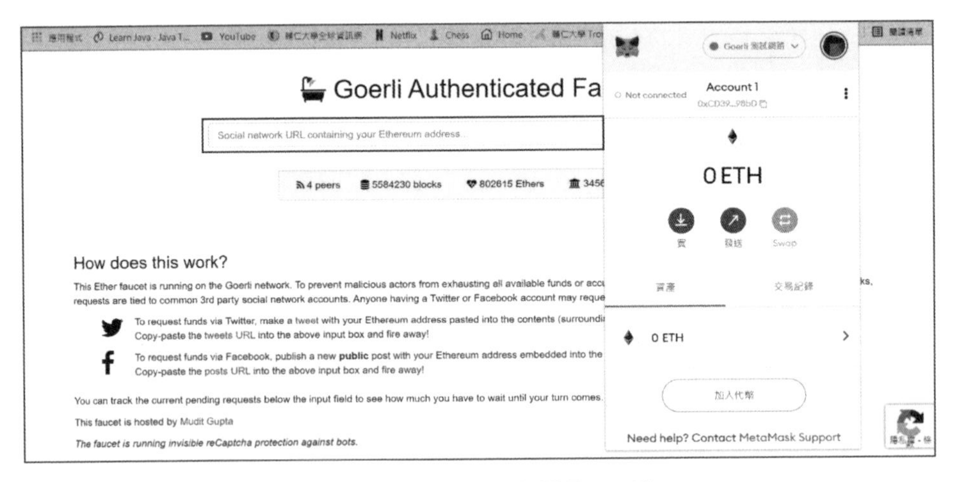

▲ 圖 28-8 確認測試網路是否正確

Tips

以上小小的工具推薦給大家，希望有幫助大家！

筆者語錄

當初只是想嘗試看看，但偏偏錢包裡面沒錢，才會開始找有哪裡有免費的代幣，想說應該每個想嘗試的人可能都會遇到這個問題，所以把這些資源分享給讀者！

參考來源

1. 以太幣智能合約 (一)：如何獲得免費以太幣？
   https://noob.tw/smart-contracts-1/

2. Solidity 30 天實戰教學 (2020) - Day 3 - Dev Tools
   https://youtu.be/ScOms50WGJc

Note

29

區塊鏈風險要小心：小心區塊鏈資安漏洞

不管是現實生活還是在網路中，都要小心安全，因為都會有壞人的存在。在這一個章節裡，我會介紹一些較常見的區塊鏈資安漏洞，有些不只在區塊鏈會出現，而是平常在使用網路就有可能遇到。如果有考慮要考資安工程師證照的話，也要了解這些資安風險，接著開始本章的介紹吧！

29.1 DDoS 攻擊

DDoS 攻擊（又稱分散式阻斷服務攻擊）是很常見的攻擊手法，並且不只發生在區塊鏈。攻擊的原理就像公園裡突然來了一批殭屍壞蛋，他們搶著玩溜滑梯，原本只有兩三個小孩輪流玩，可以不太需要排隊就能一直溜，但這些殭屍壞蛋來了之後導致溜滑梯大排長龍，甚至讓溜滑梯不堪負荷而壞掉或是限制遊玩次數……等。這些殭屍壞蛋就是敵人派出的網路軍隊，它們會一直霸佔一個平台的網路流量，最後導致平台不堪負荷，這就是 DDoS 攻擊。以下有一個簡單易懂的示意圖。

▲ 圖 29-1 DDoS 攻擊

DDoS 攻擊就是敵人使用大量的物聯網裝置，發送訊息給要攻擊的目標，如果今天是一個收信網頁，網頁可能會因為突然暴增的信件而導致無法正常收信。藉由大量的訊息量導致原本正常使用的人無法使用，這就是 DDoS。要如何發現中了 DDoS 攻擊呢？最簡單的判斷方法就是網路突然變慢或是突然拒絕服務，如果從後台觀察，應該會發現流量異常暴增、多了許多大量又無用的封包或是信件，那可能就是中了 DDoS。

如果 DDoS 發生在區塊鏈，則是壞人一直發起大份量的無用交易，導致整個平台不堪負荷而癱瘓，以至於中斷服務。

另外，還有一個新名詞叫做殭屍網路「BotNet」，它並不是伺服器機群，而是惡意的程式碼，可以像是非常多的伺服器一樣發送大量訊號，像殭屍一樣中毒、被壞人控制的魁儡伺服器，負責發送大量無用通知或封包的物聯網裝置。

29.2 DNS 攻擊

DNS 洪水攻擊算是 DDoS 攻擊的一種，只是 DNS 攻擊像是壞人打給飲料店，說要所有品項都來一杯，再麻煩飲料店回電複誦訂單。壞人利用短短的一通電話，讓飲料店回覆非常長的一串訊息，導致目標伺服器收到大量流量而壞掉。利用開放 DNS 解析器產生大量的流量，導致目標伺服器超出負荷。

29.3 私鑰竊取

私鑰在區塊鏈的領域中，就好像你保險箱的鑰匙一樣，在現實生活中有小偷會偷東西。同理，在區塊鏈裡也有小偷在偷金鑰。因為小偷若偷到金鑰，他就有辦法將你錢包內的錢以及各式虛擬收藏捲款逃跑，非常危險！也許你會想説怎麼可能會把金鑰洩漏出去，但其實在網路上，你有可能只是將私鑰截圖不小心傳到網路上；或是在傳送程式封包時，裡面有你的私鑰；或是公用網路，這些都是有風險的！

如果今天私鑰落入壞人手中，那麼你錢包內的虛擬貨幣、虛擬收藏都會變成歹徒（擁有私鑰者）的，如此一來歹徒就可以將你的錢幣與收藏都偷走。我的師長都是建議我將它寫下來保存，大家可以再思考如何好好保護自己的金鑰！

29.4 51% 攻擊

51% 攻擊又稱為多數人攻擊（The Majority Attack），這是比較小型的區塊鏈必須注意的攻擊，在 Proof of Work（工作量證明）的狀態下，攻擊者會想要團結起來一起挖掘更多，一旦他擁有 51% 的運算力，就會最快算出 Nonce 值，那麼就可以控制這個區塊，以下是他可以做的事情：

1. 修改交易的數據，導致雙花攻擊（也就是雙重支付，Double spending）。
2. 停止區塊鏈的驗證交易。
3. 停止礦工挖掘任何可以用的區塊。

之所以會說小型區塊鏈要更注意，是因為若是大型區塊鏈，要掌握超過一半的運算力，要花非常多的成本才有機會。但若今天是小型區塊鏈，則可以用較少的成本就能掌握超過一半的運算力。

29.5 日蝕攻擊

日蝕攻擊（Eclipse Attack）是針對「節點」進行攻擊。在一個對等的網路裡，裝置與裝置之間可以互相來回傳遞訊息，若今天節點遭受了日蝕攻擊，原本對等的網路便會沒辦法收到正確消息，有可能是攻擊方會開始傳送訊息，導致接收方只接收到壞人的消息，接不到正確訊息。也有可能攻擊方會在過程中導致網路中斷，並且準備進行更麻煩的攻擊。

29.6 BGP 挾持攻擊

BGP 是邊界閘道器協定 Border Gateway Protocol 的縮寫，壞人會挾持被害人的網路服務，並取得被害人的 IP 身分，盜用被害人的身分來進行各種網路釣魚或發垃圾郵件、惡意軟體，壞人會將 Web 的流量從預期的目的地重新設定到壞人控制的 IP 位址，因此也可以叫做 IP 挾持。

舉例：2018 年網路犯罪組織 3ve，曾經盜取了某國空軍以及其他知名組織的 IP 位址。他們利用 BGP 挾持攻擊，以這種詐欺性的廣告賺到了 2900 萬美元。

29.7 加密劫持

加密劫持（Cryptojacking）又叫做挖礦劫持。簡單來說就是在他人不知情的情況下，用他人的資源來進行挖礦的動作。不管是電腦、伺服器、雲端服務等，未經授權就使用其他人的計算資源挖礦就是非法的。而且通常加密劫持都是在電腦後台系統裡默默、安靜地執行挖礦，被害人不容易察覺壞人正在使用它的資源，頂多過熱、效能下降，事後可能產生非常高額的計算費用。

29.8 總結

在《Exploring the Attack Surface of Blockchain:A Systematic Overview》論文中，有整理出區塊鏈容易遇到的各種攻擊，這裡轉換成中文版本分享給大家。

區塊鏈	攻擊類型
Blockchain Structure 區塊鏈之架構	Forks
Peer-to-Peer System 區塊鏈點對點系統	DDoS 攻擊 日蝕攻擊 BGP 挾持攻擊 DNS 攻擊 私自挖礦（Selfish mining） 51% 攻擊
Blockchain Application 區塊鏈應用	私鑰竊取 反組譯程式碼 雙重支付（Double-spending） 加密劫持（Cryptojacking ）

Tips

以上是一些在區塊鏈或是日常網路生活中有可能會遇到的常見攻擊，因為攻擊手法日新月異，建議還是裝一下防毒軟體並且具備基本的資安知識與素養，才能避免自己電腦中毒唷！

筆者語錄

在這一章節裡提到了許多不同的資安攻擊手法！相信大家也都學到許多新名詞吧！另外，如果對這些資安知識有興趣的話，也有很多資安的證照可以去報名！會讓自己的資訊安全知識有很大的提升！

參考來源

1. Lin, Iuon-Chang, and Tzu-Chun Liao. "A survey of blockchain security issues and challenges." Int. J. Netw. Secur. 19.5 (2017): 653-659.

2. Exploring the Attack Surface of Blockchain: A Systematic Overview https://doi.org/10.48550/arXiv.1904.03487

3. 什麼是日蝕攻擊（Eclipse Attack）？ https://academy.binance.com/zt/articles/what-is-an-eclipse-attack

4. Why BGP Hijacking Remains a Security Scourge for Organizations Worldwide? http://www.sgcybersecurity.com/securityarticle/securityarticle/why-bgp-hijacking-remains-a-security-scourge-for-organizations-worldwide

5. Cryptojacking explained: How to prevent, detect, and recover from it https://www.csoonline.com/article/3253572/what-is-cryptojacking-how-to-prevent-detect-and-recover-from-it.html

CHAPTER

30

本篇總結 & 重點整理

30.1 前言

我們來到最後一章了。在最後一篇裡，除了學到許多程式實作，領取免費的代幣網站、學會保護智慧財產，還有很重要的資安問題！未來或許每個人多少都會寫到程式，最重要的是要好好保護自己的資產以及智慧財產。最後我們就來總結一下這篇的內容吧！

30.2 Solidity

Solidity 是一個常用於寫智能合約的合約式導向語言，也是一種靜態語言。通常編譯完就能在 EVM 上面運作！

以下是兩個小實作。

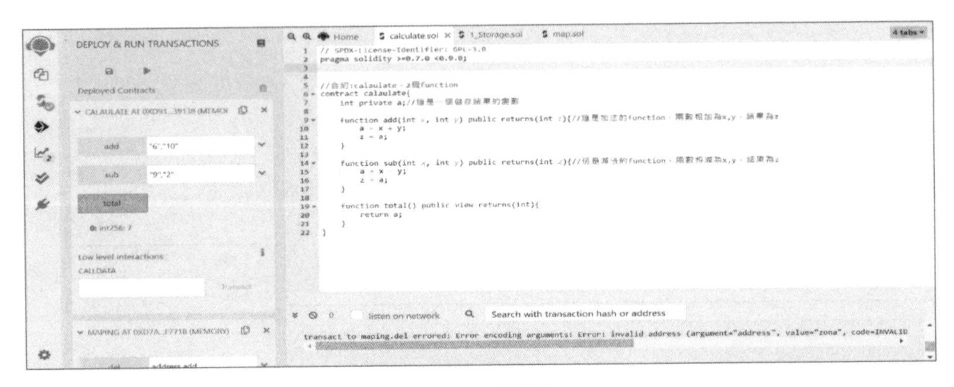

▲ 圖 30-1 小實作 -1

▲ 圖 30-2 小實作 -2

30.3 Mapping

30.3.1 宣告 Mapping

```
1   mapping(key型別=> Value型別)名稱
2   mapping(String =>uint) number(學生名 對應 成績並且命名為number)
3   mapping
```

30.3.2 刪除 Mapping

```
1   delete map[Zona];
```

30.3.3 保護智慧財產

何謂「智慧財產」？生活中不管有形或是無形、動產或是不動產，有形的車子、房子、現金，無形的音樂、圖像、網頁設計……等，為了保護這些人類精神智慧產物賦與創作人得專屬享有之權利，就叫做「智慧財產權」（Intellectual Property Rights，IPR），包括商標專用權、專利權及著作權。

30.4 實際上鏈

分成 Solidity 上鏈以及 NFT 上鏈兩種。

30.4.1 Solidity 上鏈

1. 下載安裝 Remixd。
2. 將 Default_workspace 改成 connect to localhost。
3. 按連接之後就完成啦！

上鏈後做任何動作都需要手續費！也就是要拿錢給礦工，請礦工幫你做事。

30.4.2 NFT 上鏈

1. 虛擬貨幣交易所註冊！
2. 將錢包與交易平台做連接（筆者是選擇將 MetaMask 連接到 OpenSea）。

3. 按 Create 建立你要上傳的 NFT，按照頁面中的表格填寫。
4. 選擇你要上架的數量以及鏈，就可以上架啦！

上鏈後做任何動作都需要手續費！也就是要拿錢給礦工，請礦工幫你做事。

30.5 資訊安全

30.5.1 DDoS 攻擊

DDoS 攻擊（又稱分散式阻斷服務攻擊），用大量無用的信件、請求或是流量，佔據原本的正常流量，導致網路異常，最後導致平台不堪負荷。

▲ 圖 30-3 DDoS 示意圖

30.5.2 DNS 攻擊

用小小的流量讓網頁給予超級巨大的回饋，導致目標的伺服器因為收到這些大量回饋而壞掉。

30.5.3 私鑰竊取

在封包裡以不法手段竊取私鑰，如此一來便能交易被害者的虛擬貨幣以及虛擬收藏。

30.5.4 51% 攻擊

51% 攻擊又稱為多數人攻擊（The Majority Attack），攻擊者用最快的速度霸佔小型區塊鏈一半以上的運算，便可以進行以下事情：

1. 修改交易的數據，導致雙花攻擊（雙重支付，Double Spending）。
2. 停止區塊鏈的驗證交易。
3. 停止礦工挖掘任何可以用的區塊。

30.5.4 日蝕攻擊

日蝕攻擊（Eclipse Attack）主要攻擊「節點」。攻擊完節點後，會將正確的訊息攔截，並且讓受害者只能收到壞人的訊息，但受害者不一定會知道這些是壞人傳的，可能會誤認為是對方傳的。

30.5.5 BGP 挾持攻擊

挾持並盜用受害者的 IP 位址，進而利用受害者的身分進行網路釣魚、非法廣告投放等，以賺取收益。

30.5.6 加密劫持

加密劫持（Cryptojacking），就是在受害者不知情的情況下，盜用他人的資源來挖礦。但因為受害者不一定會感覺到自己的資源被別人拿去挖礦，因此要特別小心自己的後台有沒有異常！

30.5.7 區塊鏈可能遇到的各種危險參考表

區塊鏈	攻擊類型
Blockchain Structure 區塊鏈之架構	Forks
Peer-to-Peer System 區塊鏈點對點系統	DDoS 攻擊 日蝕攻擊 BGP 挾持攻擊 DNS 攻擊 私自挖礦（Selfish Mining） 51% 攻擊
Blockchain Application 區塊鏈應用	私鑰竊取 反組譯程式碼 雙重支付（Double Spending） 加密劫持（Cryptojacking ）

Tips

以上是一些在區塊鏈或是日常網路生活中有可能會遇到的常見攻擊，因為攻擊手法日新月異，建議還是裝一下防毒軟體並且具備基本的資安知識與素養，才能避免自己電腦中毒唷！

筆者語錄

在這篇裡提到了許多不同的資安攻擊手法！相信大家也都學到許多新名詞吧！另外，如果對這些資安知識有興趣的話，也有很多資安的證照可以去報名！會讓自己的資訊安全知識有很大的提升！

31 後記

31.1 關於參賽

2021 年大家都知道是最長的暑假。我大概在六月就在思考要做什麼樣的主題了，畢竟要做同一件事情連續 30 天，每天還要發想出長達 5 分鐘的影片內容，其實不是一件簡單的事。後來是決定結合之前比賽的主題，以及評審給予的建議，決定學習區塊鏈。所以我去找國外大學開放的線上課程，原本是看到朋友有在線上學習一些使用者介面的課程，才想說找找看有沒有區塊鏈的課程，結果真的有！

因此我將這個想法當作一個起點。對區塊鏈有一些基礎了解之後，再開始深入探討。我大概花一個禮拜時間，把大部分的課程看完（因為這個線上課程包含了一些考試、影片、文章閱讀跟程式碼作業）。我其實暑假花很多時間在寫筆記，並且統整一些知識，最後慢慢把它整理成現在的內容。雖然這個影片只有 30 部，看起來好像 30 天就完成了，實際上我花了一整個暑假，每天都固定碰一點、寫一點。

當時對於要報名資安組還是影片教學組思考很久，中間我也一直檢視這兩組的報名人數，最後因為影片教學組的人數比較少，因此才決定報影片教學（是不是很荒謬……但這是真的哈哈），我自己也對剪輯影片、拍攝影片很有興趣，所以也想挑戰一下自己。但是報名影片教學有一個風險，就是我不只整理完這些資訊，還要把它整理成稿子、拍攝、剪輯、檢查流暢度，因此變得比較麻煩。我也很怕我沒辦法達成 30 天完賽，其實還蠻緊張的……

幸運的是，當時開學第一週是線上教學，讓我有一點時間進行最後微調。開賽當天，我已經累積 17 篇左右，其實這樣還是太少，因為開賽也算是開學了，開學之後根本不可能一天做出一支影片，我通常要到週末才有空整理這些東西。其實到後面的時候我曾經庫存剩下 5、6 篇，那時候真的超緊張的，我只好趕快拍、趕快剪⋯⋯最後還是成功完賽！我其實真的很開心也很有成就感，我覺得這會是很棒的紀念！

我還蠻鼓勵大家有生之年都可以參加一次！因為真的蠻挑戰自己的極限，可以學到蠻多東西，雖然我是因為要完成學校的學分哈哈哈⋯⋯但我覺得大家如果對資訊有興趣的，都可以來做一次這樣的挑戰，對未來一定都還是很有加分的！

最後就放一下我申請的 Buffalo of University 的 Blockchain 課程的證書做結尾！

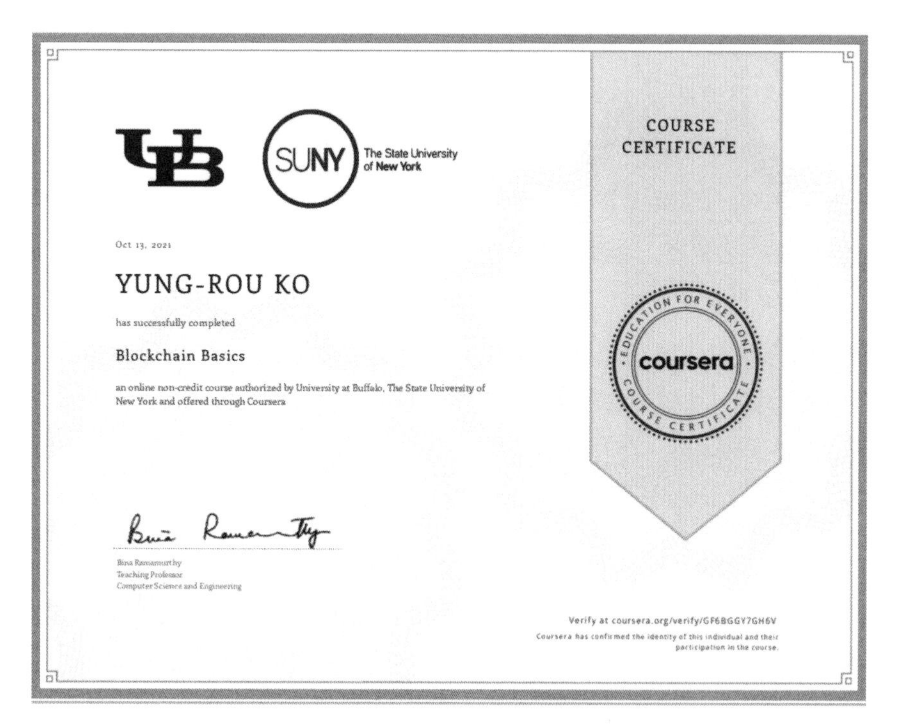

▲ 圖 31-1 Coursera 證書

31.2 從完賽到出書

完賽後的某一天，被通知獲得 2021 iThome 鐵人賽影片教學組佳作，也去參加頒獎典禮見見冠軍大神們！真的很開心有這次機會參與鐵人賽頒獎典禮！而且在我們學校的禮堂舉辦，是個非常難忘的經驗，頒獎典禮上有許多鐵人徽章，以及各種看板牆，非常建議完成鐵人賽的朋友一定要參加頒獎典禮（而且去年有和我一起參加頒獎典禮的朋友，有一半的人今年也都繼續參加下一屆的鐵人賽了）！於是就在頒獎典禮上與出版社連絡，開啟了這次的出版計畫。

在寫這本書的期間，是 2022 年的暑假，這年暑假有幸到了前三大的電商平台擔任 SQA 工程師實習生，因此過著白天上班實習，晚上回家寫稿的爆肝日常。我想大家一定都懂下班後想要倒在床上的心情，也因為兩個月都沒有下班就躺床，取而代之的是夜晚的鍵盤敲擊聲，才生出了這一本滿滿心血的書！書中內容除了涵蓋 2021 鐵人賽的影音內容，還有另外新增醫療與資安方面的知識。雖然我還是個學生，內容也沒有到很深很難，也還有許多要學習的地方，但仍然很謝謝讀者給我這個機會，在很好的時間點與你們在書中相遇，希望這本書可以帶給你一些啟發與知識，我們今後都要繼續加油，朝著更好的方向邁進。

▲ 圖 31-2 頒獎典禮照片

▲ 圖 31-3 與獎牌合照

▲ 圖 31-4 得獎者的名字會被印在牆壁上

▲ 圖 31-5 頒獎典禮

Note